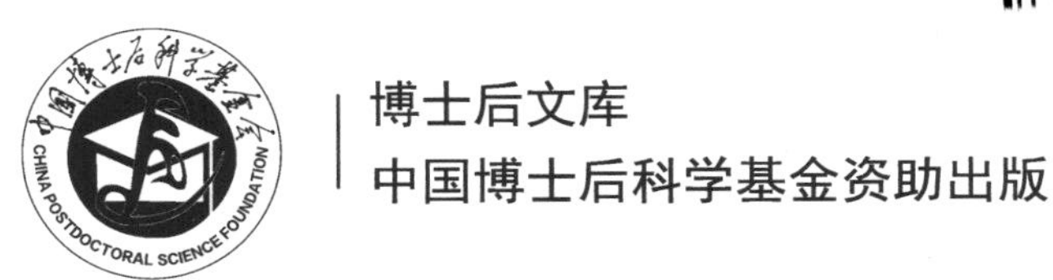

博士后文库
中国博士后科学基金资助出版

# 天然免疫抗病毒蛋白 MAVS 的调节

周 翔 编著

科 学 出 版 社
北 京

# 内 容 简 介

本书从抗病毒天然免疫的信号通路入手，对天然免疫抗病毒蛋白MAVS的调节机制的最新研究成果进行了系统介绍，重点关注在MAVS的功能调节方面发挥重要作用的PCBP的功能及其作用机制，为多角度认识抗病毒蛋白MAVS在机体抵御病毒感染的过程中发挥作用的方式提供了重要的理论依据。本书主要研究了PCBP1分子组成型抑制MAVS发挥抗病毒天然免疫反应的分子机制，为进一步深入了解天然免疫的调节与自身免疫病之间的关联提供了理论依据。

本书对病毒学、免疫学及细胞生物学等领域的科学工作者、研究生、本科生，以及感染性疾病防治领域的医务工作者和相关科技管理人员具有一定的参考价值。

**图书在版编目（CIP）数据**

天然免疫抗病毒蛋白MAVS的调节 / 周翔编著. —北京：科学出版社，2020.3

（博士后文库）

ISBN 978-7-03-064448-0

Ⅰ. ①天… Ⅱ. ①周… Ⅲ. ①免疫学 Ⅳ. ①Q939.91

中国版本图书馆CIP数据核字(2020)第027071号

责任编辑：李 悦 刘 晶 / 责任校对：郑金红

责任印制：吴兆东 / 封面设计：刘新新

科学出版社 出版

北京东黄城根北街16号

邮政编码：100717

http: //www.sciencep.com

北京厚诚则铭印刷科技有限公司 印刷

科学出版社发行 各地新华书店经销

*

2020年3月第 一 版 开本：B5 (720×1000)

2020年7月第二次印刷 印张：6 1/2

字数：131 040

**定价：98.00 元**

(如有印装质量问题，我社负责调换)

# 《博士后文库》序言

1985年，在李政道先生的倡议和邓小平同志的亲自关怀下，我国建立了博士后制度，同时设立了博士后科学基金。30多年来，在党和国家的高度重视下，在社会各方面的关心和支持下，博士后制度为我国培养了一大批青年高层次创新人才。在这一过程中，博士后科学基金发挥了不可替代的独特作用。

博士后科学基金是中国特色博士后制度的重要组成部分，专门用于资助博士后研究人员开展创新探索。博士后科学基金的资助，对正处于独立科研生涯起步阶段的博士后研究人员来说，适逢其时，有利于培养他们独立的科研人格、在选题方面的竞争意识以及负责的精神，是他们独立从事科研工作的“第一桶金”。尽管博士后科学基金资助金额不大，但对博士后青年创新人才的培养和激励作用不可估量。四两拨千斤，博士后科学基金有效地推动了博士后研究人员迅速成长为高水平的研究人才，“小基金发挥了大作用”。

在博士后科学基金的资助下，博士后研究人员的优秀学术成果不断涌现。2013年，为提高博士后科学基金的资助效益，中国博士后科学基金会联合科学出版社开展了博士后优秀学术专著出版资助工作，通过专家评审遴选出优秀的博士后学术著作，收入《博士后文库》，由博士后科学基金资助、科学出版社出版。我们希望，借此打造专属于博士后学术创新的旗舰图书品牌，激励博士后研究人员潜心科研，扎实治学，提升博士后优秀学术成果的社会影响力。

2015年，国务院办公厅印发了《关于改革完善博士后制度的意见》（国办发〔2015〕87号），将“实施自然科学、人文社会科学优秀博士后论著出版支持计划”作为“十三五”期间博士后工作的重要内容和提升博士后研究人员培养质量的重要手段，这更加凸显了出版资助工作的意义。我相信，我们提供的这个出版资助平台将对博士后研究人员激发创新智慧、凝聚创新力量发挥独特的作用，促使博士后研究人员的创新成果更好地服务于创新驱动发展战略和创新型国家的建设。

祝愿广大博士后研究人员在博士后科学基金的资助下早日成长为栋梁之才，为实现中华民族伟大复兴的中国梦做出更大的贡献。

中国博士后科学基金会理事长

# 前　言

自从天然免疫的模式识别受体被发现与鉴定以来，天然免疫的激活与调节始终都是研究的焦点和热点，而机体抵御病毒感染产生的天然免疫反应，因其与人类健康紧密相关而备受关注。尽管众多的研究已经从很多方面解释了抗病毒天然免疫反应激活的重要机制，但关于这类反应过程的调节仍存在许多问题有待研究。基于这种现状，本书作者在攻读博士学位期间及从事博士后研究阶段，在导师蒋争凡教授的指导下，对抗病毒天然免疫的调节机制进行了一些有针对性的探索性研究。这些研究围绕天然免疫抗病毒蛋白 MAVS 的调节机制展开，通过鉴定 MAVS 的相互作用蛋白，找到了一类结合 MAVS 的 PCBP 蛋白家族分子。这类分子通过负调节 MAVS 的抗病毒功能，抑制异常或者持续激活的天然免疫反应对机体产生的不良影响，从而达到最佳的抗病毒免疫效应。这项研究还在天然免疫与自身免疫病之间建立了一种可靠的内在关联，表明 MAVS 的持续异常活化是自身免疫病的重要致病因素之一。这些研究成果为进一步研究抗病毒天然免疫的调节方式奠定了理论基础，还可以为自身免疫病的治疗提供潜在的药物靶标，以期改善自身免疫病的治疗效果，因此具有一定的临床应用前景。

本书中的研究得到了北京大学蒋争凡教授的悉心指导和北京大学基础医学院游富平教授的鼎力协助，同时还得益于众多教师和学生的帮助。没有他们的支持、鼓励和参与，这些研究及本书的写作是无法完成的。本人在此向所有提供帮助的个人和组织机构表示衷心的感谢。

周　翔

2019 年 8 月

# 目　　录

# 第1章　抗病毒天然免疫

病毒感染引发多种疾病，是人类健康的大敌（Snell et al.，2017）。抗病毒免疫反应分为天然免疫和适应性免疫两类（Maini and Gehring，2016）。长期以来，天然免疫在机体抗病毒反应中的重要作用未能引起广泛的关注；但近年来的研究表明，天然免疫最先识别入侵的病毒，并启动复杂的效应通路，是抵御病毒入侵的第一道防线（O'Neill and Bowie，2010），其作用不容忽视（Jasper and Bohmann，2002）。

## 1.1　天 然 免 疫

天然免疫也称固有免疫（innate immunity），是进化过程中形成的与生俱来的抗感染防御机制。天然免疫在感染的初期启动，导致广谱的抗感染反应，是适应性免疫的基础和先导（Chan and Ou，2017）。天然免疫主要依赖组织屏障的隔断作用，以及天然免疫细胞和分子（如细胞因子、补体及抗感染多肽等）的抗感染效应（Pluddemann et al.，2011）。

### 1.1.1　组织屏障

皮肤黏膜及其附属成分构成的屏障，可分为物理屏障、化学屏障和微生物屏障等。血–脑屏障由软脑膜、脉络丛的毛细血管壁和包在壁外的星形胶质细胞的胶质膜组成（Klein et al.，2019）。这种组织结构致密，能阻挡血液中的病原体和其他大分子物质进入脑组织，保护中枢神经系统。血–胎屏障由母体子宫内膜的基蜕膜和胎儿的绒毛膜滋养层细胞共同构成，正常情况下可防止病毒从母体进入胎儿体内，保护胎儿免遭感染（Hayday and Spencer，2009）。

组织屏障虽然能阻挡部分病毒，但不具有响应病毒感染的能力；感染后机体主要依赖天然免疫细胞和分子来对抗病毒。

### 1.1.2　天然免疫细胞和分子

天然免疫细胞主要有巨噬细胞（macrophage，MΦ）、中性粒细胞（neutrophil）、树突状细胞（dendritic cell，DC）和自然杀伤细胞（natural killer cell，NK）等（Hamon and Quintin，2016；Schafer et al.，2017）。天然免疫的效应分子为各种细胞因子，可划分为：白细胞介素（interleukin，IL）、干扰素（interferon，IFN）、肿瘤坏死

因子（tumor necrosis factor，TNF）、集落刺激因子（colony stimulating factor，CSF）、生长因子（growth factor，GF）、趋化因子（chemokine）等（Rongvaux，2018）。不同的细胞因子在天然免疫和炎症反应的不同阶段发挥作用，详见表 1.1。

**表 1.1　天然免疫的细胞因子（Blank et al.，2008）**

| 细胞因子 | 分子量 | 产生因子的细胞 | 效应 |
| --- | --- | --- | --- |
| TNF | 17kDa；51kDa 同源三聚体 | 巨噬细胞；T 细胞 | 内皮、中性粒细胞活化；肝脏合成急性期蛋白；多种细胞凋亡 |
| IL-1 | 17kDa 成体；33kDa 前体 | 巨噬细胞；内皮和部分上皮细胞 | 内皮细胞活化；下丘脑热；肝脏合成急性期蛋白 |
| 趋化因子 | 8～12kDa | 巨噬细胞；内皮细胞、T 细胞；成纤维细胞；血小板 | 白细胞趋化和迁移 |
| IL-12 | 35/40kDa 异源二聚体 | 巨噬细胞；树突状细胞 | T 细胞向 Th1 分化；自然杀伤细胞和 T 细胞合成 IFN-γ；增溶 |
| I 型干扰素 | IFN-α：15～21kDa<br>IFN-β：20～25kDa | IFN-α：巨噬细胞<br>IFN-β：成纤维细胞 | 自然杀伤细胞活化；细胞进入抗病毒状态；MHC I 增加 |
| IL-10 | 18 kDa；34～40kDa 同源二聚体 | 巨噬细胞；Th2 | 抑制巨噬细胞和树突状细胞合成 IL-12；表达 MHC II 和共刺激分子 |
| IL-6 | 19～26 kDa | 巨噬细胞；内皮细胞、T 细胞 | B 细胞分化为抗原产生细胞；肝脏合成急性期蛋白 |

注：MHC I/II，I/II 型主要组织相容性复合体（major histocompatibility complex I/II）；Th1/2，1/2 型辅助 T 细胞（T helper cell 1/2）。

在天然免疫细胞中表达的模式识别受体（pattern recognition receptor，PRR）能识别入侵的病原物质，通过信号转导产生效应分子，促使抗感染机能生效（Lester and Li，2014）。

## 1.2　天然免疫的抗病毒机制

天然免疫利用模式识别受体识别病毒来源的病原相关分子模式（pathogen-associated molecular pattern，PAMP），激活抗病毒转录因子（transcription factor，TF）诱导 I 型干扰素的表达和分泌；I 型干扰素进一步诱导数百种抗病毒蛋白表达，有效抑制病毒的复制和感染（Janeway，1989；Janeway et al.，1989）。

### 1.2.1　模式识别受体识别病毒核酸

模式识别受体由胚系基因编码，可识别一种或多种病原相关分子模式，通过介导 I 型干扰素和炎症信号转导、启动吞噬和调理作用、活化补体、诱导凋亡来抵抗病毒对机体的损伤（Cerliani et al.，2011）。病原相关分子模式指病原微生物共有的、高度保守的分子结构。模式识别受体识别的种类有限，但广泛存在于各种病毒的病原相关分子模式，如单/双链核糖核酸（single/double-stranded RNA，ss/dsRNA）、双链脱氧核糖核酸（double-stranded DNA，dsDNA）及含有非甲基化胞嘧啶–鸟嘌呤二核苷酸 DNA（unmethylated cytosine-phosphate-guanosine DNA，CpG DNA）等。宿主细胞通常不产生具有此类结构的分子，可避免自身物质刺激模式识别受体引起免疫应答（Janeway，1989）。

目前最常见也是研究最深入的病毒病原相关分子模式为各类核酸，包括 dsDNA、dsRNA、ssRNA 和 5′-三磷酸化的 ssRNA（5′-ppp ssRNA）等（Takeuchi and Akira，2009）。主要有三类模式识别受体负责识别它们（表 1.2），分别是：位于胞内体（endosome）的 Toll 样受体（Toll-like receptor，TLR）、位于胞质的 RIG-I 样受体（RIG-I-like receptor，RLR）和 dsDNA 受体（Yoneyama and Fujita，2010）。

**表 1.2　模式识别受体及其识别的核酸种类**

| 模式识别受体 | 病毒核酸 | 合成类似物 |
|---|---|---|
| **Toll 样受体** | | |
| TLR3 | dsRNA | poly（I:C） |
| TLR7/8 | ssRNA | imidazoquinoline，ORN |
| TLR9 | CpG DNA | ODN |
| **RIG-I 样受体** | | |
| RIG-I | 5′-ppp ssRNA（短，狭长） | *in vitro* transcribed RNA |
| MDA5 | dsRNA（长） | poly（I:C） |
| LGP2 | dsRNA | poly（I:C） |
| **dsDNA 受体** | | |
| cGAS | dsDNA | polydAdT |
| DAI | dsDNA（B-型） | polydAdT |
| AIM2 | dsDNA | polydAdT |
| RNA pol III | dsDNA | polydAdT |
| LRRFIP1 | dsDNA（B-或 Z-型） | polydAdT |
| IFI16 | dsDNA | polydAdT |

注：poly（I:C），聚肌–胞苷酸（polyinosinic-polycytidylic acid）；imidazoquinoline，咪唑喹啉；ORN，寡核糖核苷酸（oligoribonucleotide）；ODN，寡脱氧核糖核苷酸（oligodeoxyribonucleotide）；RIG-I，维甲酸诱导基因 I（retinoic acid-inducible gene I）；MDA5，黑素瘤分化相关基因 5（melanoma differentiation-associated gene 5）；LGP2，遗传生理实验分子 2（laboratory of genetics and physiology 2）；cGAS，环鸟苷-腺苷合酶（cyclic GMP-AMP synthase）；polydAdT，聚脱氧腺苷–胸苷；DAI，DNA 依赖的干扰素调节因子激活剂（DNA-dependent activator of interferon regulatory factor）；AIM2，黑素瘤缺乏 2（absent in melanoma 2）；RNA pol III，RNA 聚合酶 III（RNA polymerase III）；LRRFIP1，富含亮氨酸重复无翅相互作用蛋白 1[leucine-rich repeat（LRR）flightless-interacting protein 1]；IFI16，干扰素诱导基因 16（IFN-inducible gene 16）。

### 1.2.1.1　Toll 样受体识别位于胞内体的病毒核酸

#### 1.2.1.1.1　Toll 样受体

1988 年，Hashimoto 等研究者发现，果蝇背腹侧分化基因（dToll）编码的受体能介导抗细菌感染的反应。1997 年 Janeway 等研究人员首次克隆 dToll 在哺乳动物中的同源蛋白——人 TLR4（Poltorak et al.，1998），此后数十个 Toll 样受体相继被发现。人 Toll 样受体家族现有 11 个成员（TLR1～TLR11，其中 TLR11 不表达蛋白），分为两个亚类：一类是表达于质膜的 TLR1、TLR2、TLR4、TLR5、TLR6 和 TLR10；另一类是表达于胞内体或吞噬溶酶体（phagolysosome）膜的 TLR3、TLR7、TLR8 和 TLR9。后一类能识别胞内体中的病毒核酸，激活抗病毒天然免疫反应（Kawai and Akira，2010；Lim and Staudt，2013）（图 1.1）。

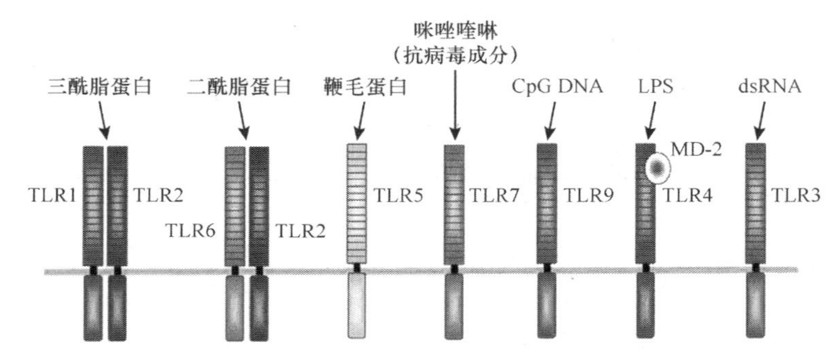


图 1.1　Toll 样受体及其配体（Takeda and Akira，2004）

TLR1～TLR7 及 TLR9 识别入侵的微生物组分：TLR2 识别脂肽，TLR1 和 TLR6 与 TLR2 形成异源二聚体，分别结合三酰脂蛋白（triacylated lipoprotein）和二酰脂蛋白（diacylated lipoprotein）；TLR5 识别细菌的鞭毛蛋白（flagellin）；TLR7 识别抗病毒化合物咪唑喹啉（imidazoquinoline）；TLR9 是 DNA 中非甲基化的 CpG 基序（CpG DNA）受体，而 TLR3 是病毒双链 RNA 受体；TLR4 在髓样分化蛋白 2（myeloid differentiation protein-2，MD-2）的辅助下识别脂多糖（lipopolisaccharide，LPS）。

天然免疫的树突状细胞高表达 Toll 样受体，但不同 Toll 样受体在树突状细胞中的表达谱因树突状细胞亚群和分化阶段不同而异。髓样树突状细胞（bone marrow-derived dendritic cell，BMDC），即传统意义上的树突状细胞（conventional dendritic cell，cDC），表达 TLR1～TLR8，不表达 TLR9；而浆细胞样树突状细胞（plasmacytoid dendritic cell，pDC）只表达 TLR7/TLR8 和 TLR9（Brown et al.，2011）。

#### 1.2.1.1.2　Toll 样受体识别病毒核酸

一些病毒通过内吞作用进入宿主细胞，其核酸产物被运送到胞内体，由定位于胞内体膜的 TLR3/TLR7/TLR8/TLR9 亚家族识别（Khoo et al.，2011）。

TLR3 主要识别病毒的 dsRNA 及合成类似物 poly（I:C）（Vercammen et al.，2008），因为 *Tlr3*$^{-/-}$小鼠在 poly（I:C）或呼肠孤病毒（Reoviridae）的基因组 dsRNA 刺激后，I 型干扰素和促炎症因子的产量远低于正常小鼠（Alexopoulou et al.，2001）。此外，TLR3 也能识别部分 ssRNA 病毒，如呼吸道合胞病毒（Respiratory syncytial virus，RSV）、西尼罗河病毒（West Nile virus，WNV）、脑心肌炎病毒（Encephalomyocarditis virus，EMCV）、Semliki 森林病毒（Semliki forest virus）和流

感病毒（Influenza virus，IAV）（Le Goffic et al.，2006；Rudd et al.，2006；Wang et al.，2004）；此外还有少数 DNA 病毒，如小鼠巨细胞病毒（Murine cytomegalovirus，MCMV）和单纯疱疹病毒（Herpes simplex virus，HSV）等（Tabeta et al.，2004；Zhang et al.，2007）。

TLR7 和 TLR8 主要识别 ssRNA 和咪唑喹啉衍生物[包括咪喹莫特 imiquimod（R-837）和瑞喹莫特 resiquimod（R-848）]、合成鸟嘌呤类似物罗唑利宾（loxoribine）等（Hartmann，2017；Hornung et al.，2008）。它们对人类免疫缺陷病毒（Human immunodeficiency virus，HIV）、流感病毒基因组中富含鸟苷和尿苷的 ssRNA 及仙台病毒（Sendai virus，SeV）、水疱性口炎病毒（Vesicular stomatitis virus，VSV）、柯萨奇病毒 B（Coxsackie virus B，CVB）、双艾柯病毒 1（Parechovirus 1，也叫艾柯病毒 22，Echovirus 22）和登革病毒（Dengue virus，DENV）敏感，能激活下游通路（Diebold et al.，2004；Heil et al.，2004；Hemmi et al.，2002；Jurk et al.，2002；Lund et al.，2004；Melchjorsen et al.，2005；Triantafilou et al.，2005a；Triantafilou et al.，2005b；Wang et al.，2006）。

TLR9 能识别非甲基化的 CpG DNA，以及 HSV、MCMV 和腺病毒（Adenovirus，AdV）等（Basner-Tschakarjan et al.，2006；Hochrein et al.，2004；Krug et al.，2004a；Krug et al.，2004b；Lund et al.，2003；Zhu et al.，2007）。

Toll 样受体均为 I 型跨膜糖蛋白，都由 N 端胞外结构域、跨膜结构域（transmembrane domain，TM）和胞质结构域三部分组成：胞外结构域富含亮氨酸重复基序（leucine-rich repeat，LRR）外加 N 端 LRR 与 C 端 LRR，能结合病原相关分子模式；跨膜结构域富含半胱氨酸，决定了不同 Toll 样受体的定位；胞质结构域称为 Toll/IL-1 受体超家族[Toll/IL-1 receptor（IL-1R），TIR]同源结构域，能通过 TIR-TIR 同型相互作用招募含有 TIR 的接头分子（Kawai and Akira，2007）。

Toll 样受体通常以二聚体状态与配体结合。例如，结合配体的 TLR3 晶体呈现出一对马蹄形螺管结构的胞外结构域将 dsRNA 夹在其间（Kirk and Bazan，2005），两个胞外结构域通过各自的 C 端亮氨酸重复基序相互作用，导致 TLR3 胞质部分的 TIR 彼此靠拢，进入活化状态。

### 1.2.1.2　RIG-I 样受体识别位于胞质的病毒 RNA

#### **1.2.1.2.1　RIG-I 样受体**

RIG-I 样受体家族包括三个成员：维甲酸诱导基因 I（retinoic acid-inducible gene I，RIG-I），黑素瘤分化相关基因 5（melanoma differentiation-associated gene 5，MDA5），LGP2（laboratory of genetics and physiology 2）。它们都具有 RNA 解旋

酶活性（图 1.2），都属于干扰素诱导的基因（IFN-stimulated gene，ISG），在干扰素或病毒刺激后表达量显著增加（Lassig and Hopfner，2017）。

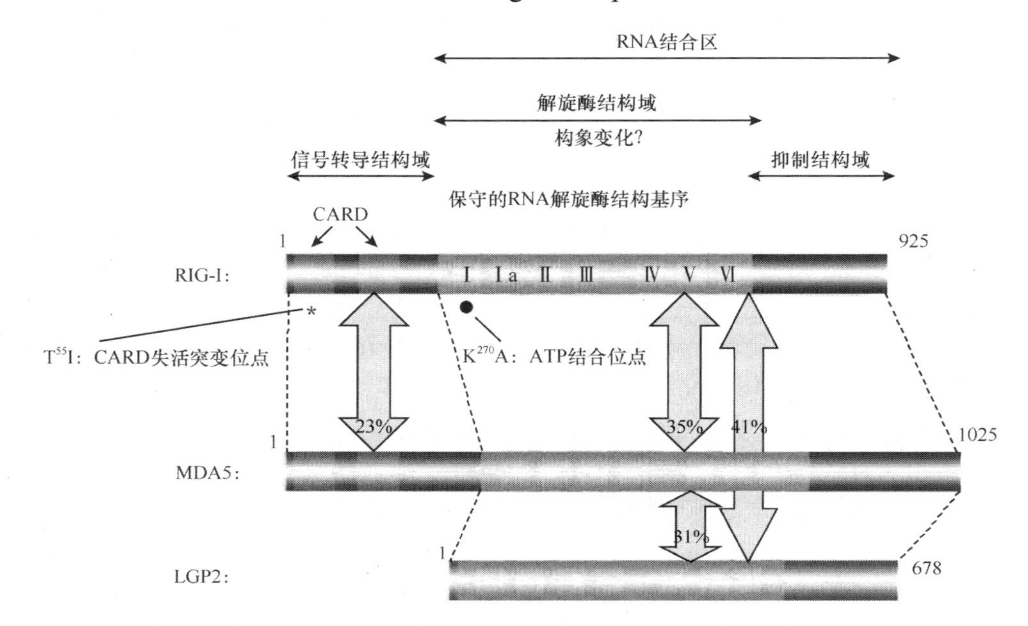


图 1.2　RIG-I 样受体家族成员（Sarkar et al.，2008）（彩图请扫封底二维码）

RIG-I、MDA5 和 LGP2 均含保守的 DExD/H 盒 RNA 解旋酶结构域（浅绿色），内有 7 个保守的基序（Ⅰ，Ⅰa，Ⅱ，Ⅲ，Ⅳ，Ⅴ，Ⅵ，粉色）；从解旋酶结构域直到 C 端的部分参与 RNA 的识别。RIG-I 和 MDA5 的 N 端有两个级联激活和胱天蛋白酶募集域（caspase activation and recruitment domain，CARD），能将信号传递至下游分子。RIG-I 的点突变 $T^{55}I$ 和 $K^{270}A$ 将分别使其丧失信号转导或解旋酶活性。

2004 年，Fujita 等研究者用报告基因激活手段，从表达文库中筛选出 RIG-I 的 N 端片段，并鉴定出 RIG-I 的受体功能（Yoneyama et al.，2004）。RIG-I 分子包括三部分：N 端的两个胱天蛋白酶募集域（caspase activation and recruitment domain，CARD）参与信号转导（仅含 N 端片段的截短突变体为显性活化突变体，过量表达时激活信号通路的能力远高于全长分子）；中部的 DExD/H 解旋酶结构域能利用水解 ATP 的能量改变分子构象[若突变 ATP 结合位点（$K^{270}A$）将抑制抗病毒反应]；C 端结构域（C-terminal domain，CTD）长约 190 位氨基酸的片段也称抑制结构域（repressor domain，RD），具有双重功效，即未感染时 C 端与解旋酶结构域相互作用限制分子活化，当病毒感染后这部分对 dsRNA 具有高亲和力，能促进 dsRNA 结合解旋酶结构域，使 RIG-I 发生构象改变，通过分子中的 CARD 结构域将信号传递至下游分子（Saito et al.，2007；Sarkar et al.，2008；Takahasi et al.，2008）。

MDA5 的结构域与 RIG-I 相似（二者的 CARD 和解旋酶结构域分别具有 23%

和 35%的相似性），可通过与 RIG-I 类似的方式诱导 I 型干扰素（Kato et al.，2006）。

LGP2 的解旋酶结构域与 RIG-I 和 MDA5 分别有 41%和 31%的相似性，但不含有 CARD。过量表达 LGP2 会抑制 RIG-I 和 MDA5 介导的信号通路活化，而利用 RNA 干扰（RNA interference，RNAi）降低 LGP2 的表达水平可增强病毒感染引起的免疫反应（Yoneyama et al.，2005）。由此看来，LGP2 可能是抗病毒信号通路的一个负反馈因子，不过其生理意义的阐释还有待对 $Lgp2^{-/-}$小鼠的进一步研究。

#### 1.2.1.2.2　RIG-I 样受体识别病毒 RNA

RIG-I 样受体识别存在于胞质的病毒 RNA 或转染至胞内的 poly（I:C），但 RIG-I 和 MDA5 偏好的 RNA 长度不同：RIG-I 优先被较短的 dsRNA（300～1000bp）激活，MDA5 则优先被更长的 dsRNA（＞1000bp）激活（Kato et al.，2008；Kato et al.，2006）。与此对应，$Rigi^{-/-}$小鼠胚胎成纤维细胞（mouse embryo fibroblast，MEF）比正常细胞对仙台病毒、新城疫病毒（Newcastle disease virus，NDV）、日本脑炎病毒（Japanese encephalitis virus，JEV）、丙型肝炎病毒（Hepatitis C virus，HCV）、流感病毒和水疱性口炎病毒等 RNA 产物短于 1kb 的病毒更敏感（Saito and Gale，2008；Saito et al.，2008）；$Mda5^{-/-}$的小鼠胚胎成纤维细胞对上述病毒并不敏感，但对脑心肌炎病毒、脑脊髓炎病毒（Theiler's encephalomyelitis virus）、门戈病毒（Mengo virus）等产生长链 RNA 的病毒极度敏感。丙型肝炎病毒与其他病毒不同，它需要 5′-ppp 结构和基因组 3′-UTR（非转录区）富含 A/U 的结构域共同激活 RIG-I（Kato et al.，2006）。

RIG-I 的抑制结构域特异识别 5′-ppp 的 ssRNA（这是 mRNA 常有的结构）。不过宿主自身的 mRNA 通常在转运至胞质之前发生修饰，而免于被 RIG-I 样受体识别（Cui et al.，2008；Hornung et al.，2006；Pichlmair et al.，2006；Schlee et al.，2009；Schmidt et al.，2009）。

### 1.2.1.3　胞质 DNA 受体识别病毒 dsDNA

#### 1.2.1.3.1　胞质 DNA 受体

存在于胞质中的 DNA 受体能识别病毒的 dsDNA，诱导 I 型干扰素和促炎症因子的表达（图 1.3）（Ishii and Akira，2006；Stetson and Medzhitov，2006）。

最早报道的胞质 DNA 受体是 DNA 依赖的干扰素调节因子激活剂（DNA-dependent activator of interferon regulatory factor，DAI），也叫 Z 型 DNA 结合蛋白 1（Z-DNA binding protein 1，ZBP1），但随后的报道显示，$Zbp1^{-/-}$小鼠并未表现出 DNA 信号通路受损的性状（Lippmann et al.，2008），因此 DAI 可能不是胞质 DNA 的关键受体。

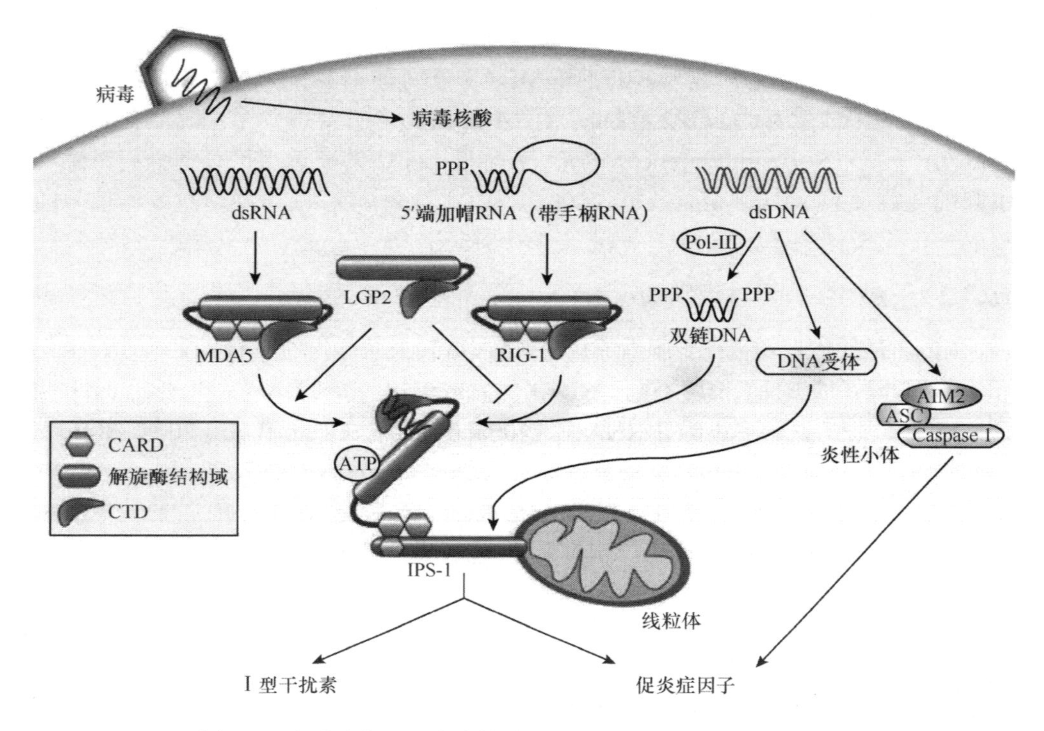


图 1.3 胞质受体识别病毒核酸（Yoneyama and Fujita，2010）

RIG-I 和 MDA5 通过分子 C 端带正电的凹槽，分别识别 5′-ppp RNA 或长链 dsRNA。结合 RNA 后，借助水解 ATP 的能量，RIG-I 样受体的分子构象改变，释放 N 端 CARD 与接头分子 MAVS/IPS-1 相互作用，激活下游通路。胞质的 DNA 受体 RNA pol III 将 dsDNA 转录为能被 RIG-I 识别的 5′-ppp RNA。AIM2 介导的炎性小体（inflammasome）的活化将诱导促炎症因子而非 I 型干扰素。ASC，CARD 凋亡相关蛋白；Caspase 1，胱天蛋白酶 1；Pol-III，RNA 聚合酶 III。

2008 年，三个研究组独立地报道了胞质 DNA 信号通路的重要接头分子——干扰素基因刺激因子（stimulator of IFN gene，STING），也叫内质网干扰素刺激因子[endoplasmic reticulum（ER）IFN stimulator，ERIS]或 IRF3 激活因子（mediator of IRF3 activation，MITA）（Ishikawa and Barber，2008；Sun et al.，2009；Zhong et al.，2008），率先展开了对胞质 DNA 信号通路的研究。

几乎在同一时期，另外几个小组提出，黑素瘤缺乏 2（absent in melanoma 2，AIM2）是一个胞质 DNA 受体，但它不激活 I 型干扰素（Burckstummer et al.，2009；Fernandes-Alnemri et al.，2009；Hornung et al.，2009；Roberts et al.，2009）。

此后，Yang 等研究者声称 LRRFIP1 是识别胞质内富含 AT 的 B 型 DNA 或富含 GC 的 Z 型 dsDNA 的受体（Yang et al.，2010）。另有发现表明含有热蛋白结构域（Pyrin 或 PYD）的分子 IFI16（小鼠的 p204）是一个胞质 DNA 受体（Unterholzner et al.，2010）。Ablasser 等研究者证明，RNA 聚合酶 III（RNA pol-III）能将胞质

中的 dsDNA 转录为 5′-ppp RNA 结构，后者通过 RIG-I 样受体诱导 I 型干扰素表达（Ablasser et al.，2009）。

#### 1.2.1.3.2　STING 介导胞质 DNA 信号通路

近年来，内质网跨膜蛋白 STING（STimulator of INterferon Genes）被发现在细胞抗 DNA 病毒感染的天然免疫反应中发挥关键的作用。哺乳动物细胞中的环鸟苷–腺苷合酶（cyclic GMP-AMP synthase，cGAS）识别胞质内的病毒 DNA 后，催化 ATP、GTP 合成环鸟苷–腺苷 cGAMP（2′-3′ cyclic GMP-AMP）（Gao et al.，2013；Sun et al.，2013）。cGAMP 从 cGAS 释放后，作为内源第二信使激活 STING（Li et al.，2013；Tao et al.，2016；Zhang et al.，2013a）。STING 分子发生磷酸化和二聚化，通过高尔基体从内质网转移到细胞核周围区域的囊泡中。一方面，STING 激活 TBK1/IKKε 蛋白激酶复合体，进而诱导转录因子 IRF3 发生磷酸化和二聚化激活；另一方面，STING 通过激酶复合物 IKKα/β 激活转录因子 NF-κB。活化的 IRF3 和 NF-κB 进入细胞核，与干扰素刺激反应元件 ISRE（IFN-stimulated response element）结合，最终诱导 I 型干扰素的表达和一系列干扰素刺激基因的合成（Cai et al.，2014b）。此外，病毒感染还能刺激 STING 与转录因子 STAT6 结合并诱导产生大量趋化因子，协同发挥抗病毒效应（Chen et al.，2011）。

STING 介导的 I 型干扰素信号通路的激活过程受到多种因素的调节（Chen et al.，2016；Luo and Shu，2018；Tao et al.，2016；Xia et al.，2016）。首先，STING 分子在激活的过程中会发生亚细胞定位的变化。静息状态下的 STING 分子主要位于内质网或者线粒体相关的膜结构，而激活的 STING 分子会由内质网转位到高尔基体或者内质网–高尔基体中间体（ER-Golgi intermediate compartment，ERGIC）（Dobbs et al.，2015；Ishikawa et al.，2009；Roberts et al.，2009），这一过程的调节直接影响到下游信号分子的招募和激活（Luo et al.，2016；Saitoh et al.，2009）。其次，翻译后修饰作用广泛地影响 STING 分子的活性和功能。其中，最广泛的一类当属泛素化修饰对 STING 分子功能的调节，包括 K48 位泛素化引起的 STING 经由蛋白酶体途径的降解（Wang et al.，2015；Zhong et al.，2009）、K63 位泛素化引起的 STING 的活化（Tsuchida et al.，2010；Zhang et al.，2012；Zhang et al.，2013b），以及其他位点的泛素化修饰对 STING 的影响（Qin et al.，2014；Wang et al.，2014）。除了泛素化修饰，STING 分子上的多个位点还可发生磷酸化修饰（Li et al.，2015；Tanaka and Chen，2012），因此磷酸化和去磷酸化修饰作用也在 STING 分子激活下游信号通路的过程中发挥重要的作用（Lei et al.，2010；Liu et al.，2015）。此外，STING 分子还能够发生 SUMO 化修饰（Hu et al.，2016）。除了上述调节机制外，影响 STING 分子的聚集（Zhou et al.，2014）或者 STING 信号复合物的形成也参与调节 STING 介导的 I 型干扰素信号通路的激活过程（Guo et al.，2016；Zhang et al.，2014）（图 1.4）。

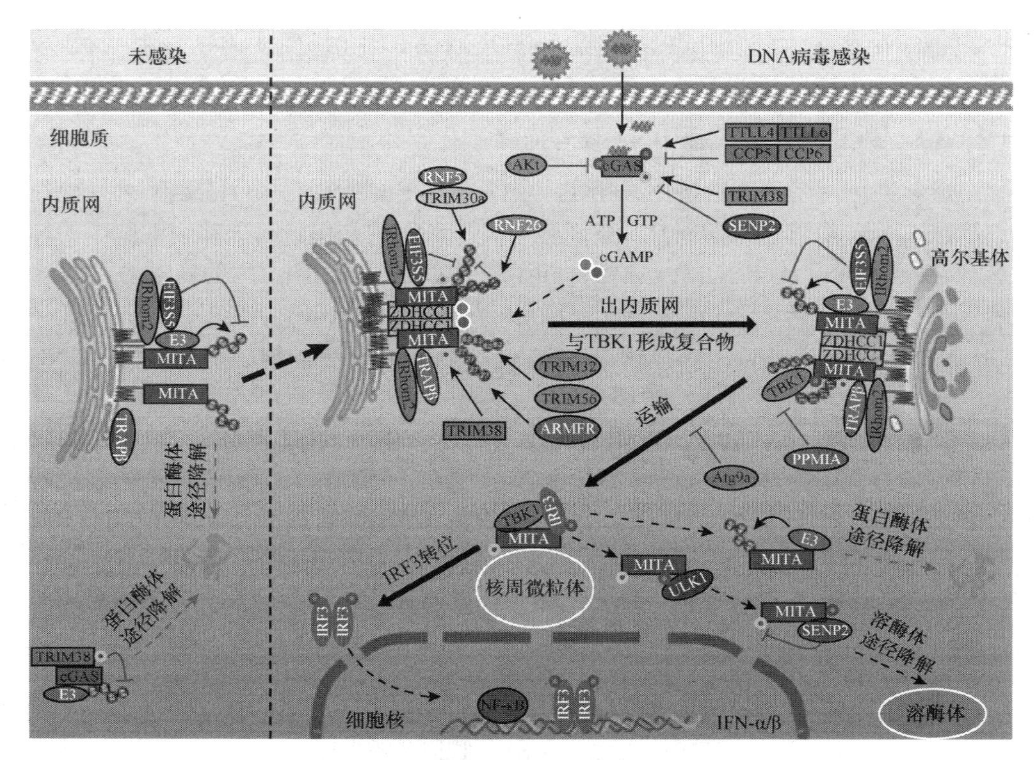


图 1.4　STING 介导的 I 型干扰素信号通路（Luo and Shu，2018）（彩图请扫封底二维码）

静息状态下的 STING（也叫 MITA）主要定位于内质网膜上，而激活的 STING 分子则会转位到高尔基体或内质网–高尔基体中间体（ER-Golgi intermediate compartment，ERGIC）结构。STING 的活性还受到包括磷酸化、泛素化、SUMO 化等翻译后修饰作用的调节。STING 分子自身发生聚集或者与下游信号分子形成复合物的过程也受到细胞内其他分子的影响。

尽管不同模式识别受体的亚细胞定位不同、识别核酸的种类和机制各异，但它们都活化几类转录因子，如干扰素调节因子 3/7（interferon regulatory factor 3/7，IRF3/IRF7）、核因子 κB（nuclear factor κB，NF-κB）和激活蛋白 1（activator protein-1，AP-1），协同诱导 I 型干扰素和促炎症因子，干扰病毒的复制和感染（Kawai and Akira，2006；Saez-Cirion and Manel，2018）。

## 1.2.2　抗病毒转录因子的活化和 I 型干扰素的产生

### 1.2.2.1　抗病毒转录因子及其活化的机制

#### 1.2.2.1.1　NF-κB

哺乳动物的 NF-κB 家族有 5 个成员：RelA/p65、RelB、c-Rel、NF-κB1（p50 及前体 p105）和 NF-κB2（p52 及前体 p100）。它们又称 Rel 蛋白，都含有一个高

度保守、长约 300 个氨基酸的 Rel 同源结构域（Rel homology domain，RHD），能结合 DNA、介导二聚化或结合 κB 抑制因子（inhibitor of κB，IκB）（图 1.5）。Rel 同源结构域含有 NF-κB 向核内转运所需的核定位信号（nuclear localization signal，NLS）（Shih et al.，2011）。

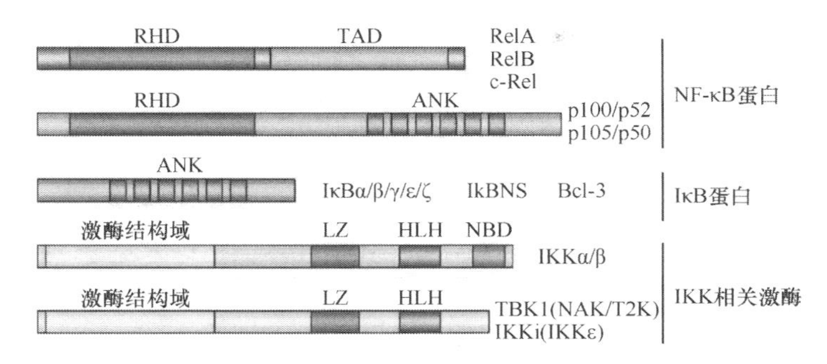


图 1.5　NF-κB 蛋白、IκB 蛋白和 IKK 相关激酶

NF-κB/Rel 蛋白均含保守的 N 端 Rel 同源结构域，按 C 端差异分为两组：RelA、RelB 和 c-Rel 的 C 端含反式激活结构域（transactivation domain，TAD）；p100 及 p105 的 C 端含有保守的 33 个氨基酸重复，称为锚蛋白重复序列（ankryn repeat，ANK，也存在于 IκB 中），能封闭其 N 端的核定位序列。p100 和 p105 须在胞质经泛素–蛋白酶体途径降解 C 端，变为有活性的成熟肽（p52 和 p50）。IκB 蛋白家族都含有锚蛋白重复序列，能结合 Rel 蛋白，封闭其上的核定位序列，将它们滞留在胞质中。IκB 家族包括 IκBα/β/γ/ε/ζ 和 IκBNS，以及 Bcl-3。IκB 激酶（IκB kinase，IKK）家族包括 IKKα/β 和两个 IKK 相关激酶 TBK1（也叫 NAK 或 T2K）、IKKi（也叫 IKKε）。Bcl-3，B 细胞淋巴瘤基因 3（B cell lymphoma 3）；HLH，螺旋-环-螺旋（helix-loop-helix）；IκB，κB 抑制因子（inhibitor of κB）；IKKi，诱导型 IKK（inducible IKK）；LZ，亮氨酸拉链（leucine zipper）；NAK，NF-κB 活化激酶（NF-κB-activating kinase）；NBD，核酸结合域（nuclear binding domain）；T2K，TRAF2 相关激酶（TRAF2-associated kinase）；TBK1，TNF 受体相关因子相关 NF-κB 活化因子结合激酶 1[TNF receptor（TNFR）-associated factor（TRAF）- associated NF-κB activator（TANK）-binding kinase 1]。

NF-κB 结合的 DNA 序列称为 κB 位点，广泛存在于免疫和炎症相关基因的启动子区，通式为：5′-GGGRNWYYCC-3′（其中，R = A/G，N = A/G/C/T，W = A/T，Y = C/T）（Brignall et al.，2019）。NF-κB 根据 κB 序列、二聚体的组合方式、翻译后修饰及其他转录因子结合等差别启动特异的靶基因表达（Schneider and Kramer，2011）。

NF-κB 活化的信号通路分为经典信号通路（canonical pathway）和非经典信号通路（alternative pathway）（Shih et al.，2011）。前者指 IκB 激酶（IκB kinase，IKK）成员 IKKβ 介导 IκBα 降解的途径，后者指 NF-κB 诱导激酶（NF-κB-inducing kinase，NIK）-IKKα 依赖的 p100 剪切及 p52：RelB 二聚体活化的过程。

经典通路被认为是大多数 NF-κB 活化的主要模式，也是后文研究涉及的 NF-κB 活化通路：未刺激时，p50/p65 异源二聚体与 IκBα 结合，二聚体分子 Rel 同源结构域上的核定位序列被封闭而滞留在胞质中（Cramer and Muller，1999）；刺激诱导 TNF 受体相关因子 6[TNF receptor（TNFR）-associated factor 6，TRAF6]

与泛素结合酶 13（ubiquitin-conjugating enzyme 13，UBC13）和 Uev1A（ubiquitin-conjugating enzyme E2 variant 1 isoform A）形成复合体，催化 TRAF6 的 63 位赖氨酸（lysine-63，K63）多泛素化，激活其泛素 E3 连接酶活性（Scott and Roifman，2019）。活化的 TRAF6 通过泛素链招募由转化生长因子激活激酶 1[transforming growth factor-β(TGF-β)-activated kinase 1，TAK1]和 TAK1 结合蛋白 1/2/3（TAK1-binding protein 1/2/3，TAB1/2/3）组成的复合体，使 TAK1 发生 K63 位泛素化活化（Adhikari et al.，2007）。TAK1 自身磷酸化并磷酸化 IKK 复合物[IKKα、IKKβ 和 IKKγ/NF-κB 必需因子（NF-κB essential modulator，NEMO）]，其中 IKKβ 能磷酸化 IκBα 的 Ser32 和 Ser36 两处位点（Ghosh and Dass，2016；Israel，2010）。磷酸化的 IκBα 被泛素 E3 连接酶 SCF-β-TrCP 复合体识别进入泛素–蛋白酶体途径降解（Deng et al.，2018），释放 p50/p65 使其核定位序列暴露，从而入核诱导靶基因转录（Brasier，2006；Park and Hong，2016）（图 1.6）。

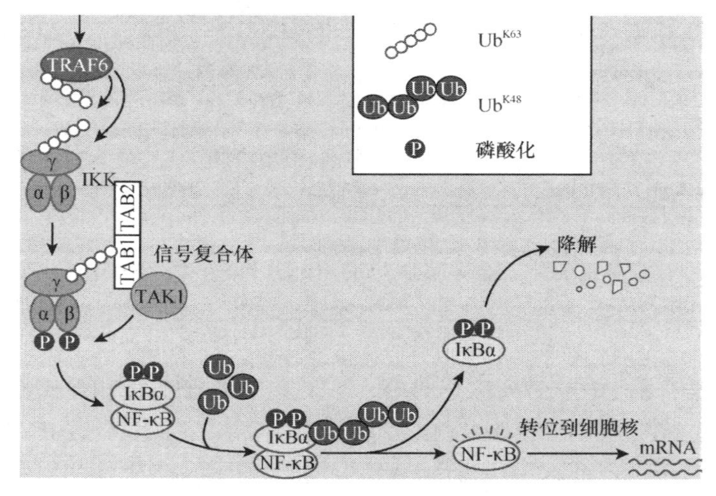


图 1.6　NF-κB 活化的经典信号通路（Mukhopadhyay and Riezman，2007）

TRAF6 能使 IKKγ 发生 K63 位泛素化，泛素化的 IKKγ/TRAF6 招募 TAK1/TAB 复合物，形成信号复合体（signalosome），使 IKKβ 磷酸化，IKKβ 再磷酸化 IκBα，使其被泛素–蛋白酶体降解，释放 NF-κB 入核诱导靶基因转录。TAB1/2，TAK1 结合蛋白 1/2；TAK1，转化生长因子活化激酶 1；TRAF6，TNF 受体相关因子 6。

值得一提的是，尽管 TBK1 和 IKKε 被称为 IKK 相关激酶（IKK-related kinase），过量表达也能激活 NF-κB，但 *Tbk1*$^{-/-}$*Ikke*$^{-/-}$小鼠在病毒感染后 NF-κB 能正常活化，说明生理状态下它们并非诱导 NF-κB 所必需的激酶（Clement et al.，2008）。

#### 1.2.2.1.2　IRF3/IRF7

人的干扰素调节因子（interferon regulatory factor，IRF）家族包括 9 个成员：IRF1、IRF2、IRF3、IRF4/Pip/ICSAT、IRF5、IRF6、IRF7、IRF8/ICSBP 和 IRF9/

ISGF3g/p48（Mancino and Natoli，2016）。它们的 N 端都有一个保守的 DNA 结合域（DNA-binding domain，DBD），识别 5′-GAAA-3′和 5′-AANNNGAA-3′序列（N=A/G/C/T）。除了 IRF1 和 IRF2 之外，其他成员的 C 端都含有一个 IRF 相关结构域（IRF association domain，IAD），介导 IRF 分子之间的同型相互作用（Negishi et al.，2018）。干扰素调节因子具有广泛的作用，其中最重要的当属其抗病毒效应（表 1.3）。

**表 1.3　部分 IRF 的表达和功能（Tamura et al.，2008）**

| IRF | 表达/细胞定位 | 调节的基因 | 功能 | 敲除小鼠表型 |
|---|---|---|---|---|
| IRF1 | 组成表达；DNA 损伤诱导；主要核内，部分胞质 | TAP1，LMP-2，Cox-2；Caspase-1，IFN-γ 处理后结合 MyD88 诱导 IFN-β， | NK 发育；$CD8^+$ T 细胞分化；促 Th1、抑 Th2 分化 | EMCV 抗感染性降低；细菌/寄生虫敏感；NK 发育缺陷；$CD8^+$ T 细胞减少 |
| IRF3 | 组成表达；主要胞质，病毒感染后磷酸化入核 | IFN-α4，IFN-β，CXCL10 | 促进抗病毒天然免疫 | EMCV 抗感染性降低；清除胞内李斯特菌的能力和 LPS 诱导的休克抗性增加 |
| IRF5 | B、DC 组成表达，I 型干扰素诱导；主要胞质，病毒感染后磷酸化入核 | 结合 MyD88 诱导促炎症因子（IL-12，IL-6，TNF-α）；病毒感染后诱导 I 型干扰素 | 促进炎症反应 | LPS 和 CpG DNA 诱导的休克抗性增加 |
| IRF7 | B、pDC 组成表达；I 型干扰素诱导；主要胞质，病毒感染后磷酸化入核 | 结合 MyD88 正调控 TLR 诱导的 I 型干扰素表达（IFN-α/β） | 促进抗病毒天然免疫 | EMCV、VSV 和 HSV 敏感；$CD8^+$ T 细胞交叉激活效率降低 |
| IRF8 | B、MΦ、$CD11b^-$ DC 组成表达；主要胞质，病毒感染后磷酸化入核 | 结合 TRAF6 响应 TLR9；促进 DC 表达 I 型干扰素和 ISG | $CD8α^+$ DC、pDC、MΦ、B 细胞、Th1 分化；生发中心形成 | Th1、pDC、$CD8α^+$ DC 分化缺陷；寄生虫和李斯特菌敏感；慢性粒细胞白血病 |
| IRF9 | 组成表达，IFN-γ 诱导；主要核内 | 与 STAT1/STAT2 形成 ISGF3 诱导 ISG | 放大抗病毒天然免疫反应 | EMCV、VSV 和 HSV 敏感 |

注：Caspase-1，胱天蛋白酶 1；CD，分化抗原（cluster of differentiation）；Cox-2，环氧化物酶-2（Cyclooxygenase-2）；CXCL10，CXC 趋化因子配体 10（CXC motif chemokine ligand 10）；ISGF3，干扰素刺激基因因子 3（IFN-stimulatory gene factor 3）；LMP-2，潜伏感染膜蛋白 2（latent membrane protein 2）；MyD88，髓样分化因子 88（myeloid differentiation primary response factor 88）；STAT，信号转导和转录激活蛋白（signal transducer and activator of transcription）；TAP1，抗原处理相关转运蛋白 1（transporter associated protein 1）；TRAF6，TNF 受体相关因子 6（TNF receptor-associated factor 6）。

抗病毒天然免疫中最重要的干扰素调节因子成员为 IRF3 和 IRF7（Mogensen，2018）。IRF3 在所有细胞中组成型表达，不受病毒或 I 型干扰素刺激上调；而 IRF7 仅在浆细胞样树突状细胞和 B 细胞组成型表达，其他细胞中需要 I 型干扰素诱导才能表达（Park et al.，2007）。除浆细胞样树突状细胞以外的绝大多数细胞中，IRF3 负责感染早期 I 型干扰素的诱导，IRF7 在自身被诱导后协同扩大 I 型干扰素的诱导效应（Savitsky et al.，2010）。IRF3 和 IRF7 在这些细胞中具有类似的活化机制：静息状态下它们以自抑制构象存在于胞质中，当病毒活化的激酶（virus-activated kinase，VAK）催化其 C 端特异的丝氨酸、苏氨酸位点磷酸化（图 1.7）以后，电荷排斥作用导致分子变构，暴露核定位序列和疏水活性中心，形成同源或异源二聚体入核，在 CREB 结合蛋白（CREB-binding protein，CBP）/p300 等共激活因子的协助下启动靶基因转录（Paz et al.，2006）。

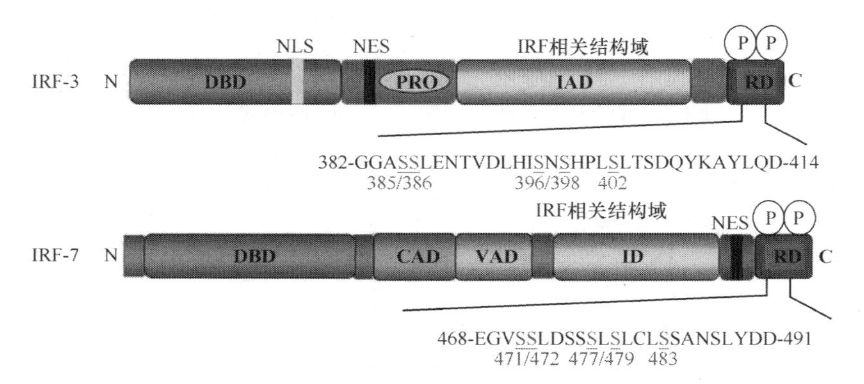


图 1.7 IRF3/IRF7 分子结构模式图（Hiscott，2007）（彩图请扫封底二维码）

CAD，组成型激活结构域（constitutive activation domain）；DBD，DNA 结合域（DNA-binding domain）；IAD，IRF 相关结构域（IRF-associated domain）；ID，抑制结构域（inhibitory domain）；NES，核输出信号（nuclear export signal）；NLS，核定位信号（nuclear localization signal）；RD，信号响应结构域（signal response domain）；VAD，病毒活化的结构域（virus-activated domain）。IRF3 的第 382～414 位和 IRF7 的第 468～491 位氨基酸特别放大，红色加大字号为病毒诱导活化相关的磷酸化位点。

不同的是，浆细胞样树突状细胞诱导 IFN-α 完全依赖于 IRF7 而非 IRF3，这里负责磷酸化 IRF7 的可能是 IKKα-IL-1 受体相关激酶 1[IL-1 receptor(IL-1R)-associated kinase 1，IRAK1]（Honda et al.，2004；Hoshino et al.，2006；Uematsu et al.，2005）。这条信号通路的机制还不完善，是否存在其他激酶参与 IRF7 的活化过程有待进一步的研究。

TBK1 和 IKKε 是调节 IRF3/IRF7 的关键激酶，二者都能在体外试验中直接磷酸化活化 IRF3 和 IRF7（Ikeda et al.，2007），但它们并不能相互替代。不像 TBK1 普遍组成型表达，IKKε 的表达更像 IRF7，仅限于特定的免疫细胞，受刺激诱导上调，可能作用于感染后期。实验证明，用 poly（I:C）处理 $Tbk1^{-/-}$小鼠胚胎成纤维细胞，其 I 型干扰素不但合成量比野生型降低，而且诱导速度延缓；同样条件下 $Ikke^{-/-}$小鼠胚胎成纤维细胞并无异常；而 $Tbk1^{-/-}Ikke^{-/-}$小鼠胚胎成纤维细胞中 poly（I:C）诱导的 I 型干扰素合成被彻底阻断。同样，病毒感染、LPS 或 dsRNA 诱导的 IRF3 激活和 IFN-β 合成在 $Tbk1^{-/-}Ikke^{-/-}$细胞中完全被阻断，说明 IKKε 对 IRF3 的激活也有贡献。SeV 诱导的 IRF3 活化和 IFN-β 表达在 $Tbk1^{-/-}$小鼠胚胎成纤维细胞中的缺损，能被人为表达 IKKε 部分地恢复（Ikeda et al.，2007），也说明 IKKε 能行使与 TBK1 类似的功能。尽管 $Ikke^{-/-}$小鼠能正常合成 IFN-β，但它们对病毒高度敏感，可能因为若干干扰素刺激基因的表达在这些小鼠体内明显降低（Agami，2007）。

除磷酸化以外的翻译后修饰也参与 IRF3/IRF7 的调节。例如，病毒感染可诱导 IRF3 的 Lys152 或 IRF7 的 Lys406 小泛素相关修饰物（SUMO，small ubiquitin-related modifier）化修饰，负调节其转录活性（Ikeda et al.，2007）。

此外，未感染时 IRF3 被谷胱甘肽化修饰（*S*-glutathionylation），SeV 感染后谷氧还蛋白 1（glutaredoxin-1，GRX-1）对 IRF3 进行去修饰作用，使其活化（Prinarakis et al.，2008）。

#### 1.2.2.1.3　AP-1

AP-1 是一大类能够同源或异源二聚的转录因子，包括 Jun、Fos、激活转录因子（activating transcription factor，ATF）和肌腱膜皮下纤维肉瘤（musculoaponeurotic fibrosarcoma，MAF）亚家族。它们都含有碱性亮氨酸拉链（basic region-leucine zipper，bLZ），其中亮氨酸拉链介导成员间的二聚，紧邻的碱性区域能结合靶 DNA 序列。ATF-2/c-Jun 特异结合环磷酸腺苷响应元件[cyclic adenosine monophosphate（c-AMP）-response element，CRE]，序列为 5′-TGACGTCA-3′（Karin et al.，1997）。

c-Jun 的 N 端含有单一的反式激活结构域，包括两个同源盒（homology box，HOB），能被 c-Jun 氨基末端激酶（c-Jun N-terminal kinase，JNK）在 Ser63、Ser73、Thr91 和 Thr93 位磷酸化，胞外信号调节激酶（extracellular signal-regulated kinase，ERK）和糖原合酶激酶 3β（glycogen synthase kinase 3β，GSK3β）也能磷酸化 c-Jun 的关键位点（图 1.8）；ATF-2 能被 JNK 和 p38 等丝裂原活化的蛋白激酶（mitogen-activated protein kinase，MAPK）在 Thr69 和 Thr71 位磷酸化（Kappelmann et al.，2014；Kyriakis，1999）。磷酸化的 AP-1 转录活性增强，结合 CRE 调节靶基因转录（Hess et al.，2004）。

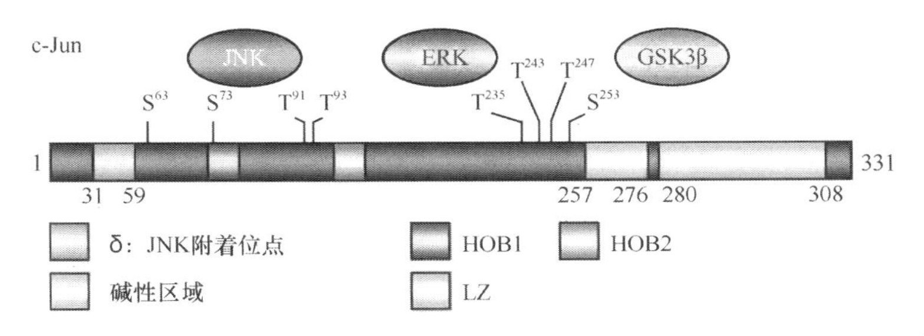


图 1.8　人 c-Jun 的结构域示意图（彩图请扫封底二维码）

c-Jun 分子含有 331 位氨基酸，其磷酸化位点和激酶如图所示。ERK，胞外信号调节激酶（extracellular signal-regulated kinase）；GSK3β，糖原合酶激酶 3β（glycogen synthase kinase 3β）；HOB，同源盒（homology box）；JNK，c-Jun 氨基末端激酶（c-Jun N-terminal kinase）；LZ，亮氨酸拉链（leucine zipper）。

### 1.2.2.2 I 型干扰素的产生

转录因子 NF-κB（p50/p65）、IRF3、IRF7 及 AP-1（ATF-2/c-Jun）与共激活因子在 I 型干扰素基因的转录调控区形成稳定的转录增强复合物（enhanceosome）（图 1.9），诱导 I 型干扰素的表达（Chen et al.，2017）。

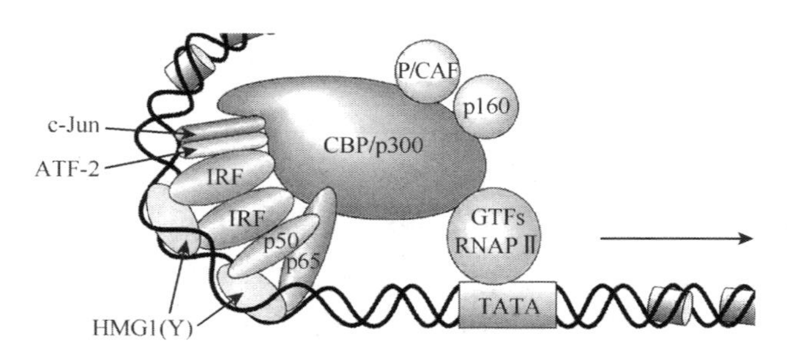


图 1.9 IFN-β 启动子区域的转录增强复合物（Vo and Goodman，2001）

ATF-2/c-Jun，AP-1 异源二聚体[包括激活转录因子 2（activating transcription factor 2，ATF-2）亚基和原癌蛋白 c-Jun 亚基]；CBP/p300，转录共激活因子[包括 p300 分子和 CREB 结合蛋白（CREB-binding protein，CBP）]；GTF，普遍转录因子（general transcription factor）；HMG1(Y)，高迁移率族蛋白 1（high-mobility group protein 1），是一类协助转录的染色体结合蛋白；p160，核受体，为转录共激活因子，具有 HAT 活性，亦可作为转录复合物结合的平台；p50/p65，NF-κB 异源二聚体（包括 p50 亚基和 p65 亚基）；P/CAF，p300/CBP 相关因子（p300/CBP-associated factor），是一个组蛋白乙酰转移酶（histone acetyl transferase，HAT）；RNAP II，RNA 聚合酶 II。

IFN-α 基因的启动子调控区含有病毒应答元件（virus response element，VRE），IRF7 二聚体可以结合 VRE 启动各种 IFN-α 亚型的转录（Wang et al.，2011）。

IFN-β 基因的启动子上游 120bp 处有一个转录调控区，由正调控区和负调控区组成。正调控区包括 4 个顺式调节元件（positive regulatory domain，PRD）（Kim and Maniatis，1997；Panne，2008），其中 PRD I 和 PRD III 的基序 5′-GAAANN-3′ 可与 IRF 家族的成员结合；PRD II 的核心序列 5′-GGGAAATTCC-3′可与 NF-κB/Rel 家族的转录因子结合；PRD IV 的基序 5′-ATGTAAAT-3′可与 ATF/CREB 家族的转录因子结合。干扰素调节因子、NF-κB 和 AP-1 加上高迁移率族蛋白 1[high-mobility group protein 1，HMG1(Y)]形成转录增强复合物。该复合物招募两个组蛋白乙酰转移酶（histone acetyl transferase，HAT）：普遍促转录因子 5（general-control-of-amino-acid synthesis 5，GCN5）和 CREB 结合蛋白（CREB-binding protein，CBP），负责乙酰化核小体单位中组蛋白 H3 和 H4 的特定赖氨酸残基，使转录起始序列被释放，启动转录（Agalioti et al.，2000）。IFN-β 经转录和翻译后，从感染细胞中分泌出去（Markowitz，2007）。

### 1.2.3 I 型干扰素的抗病毒效应

I 型干扰素包括单一的 IFN-β 和 12 个 IFN-α 亚型（Tayal and Kalra，2008），可诱导天然免疫抗病毒蛋白；也能活化自然杀伤细胞、巨噬细胞和树突状细胞等效应细胞，启动适应性免疫（Kretschmer and Lee-Kirsch，2017）。

#### 1.2.3.1 I 型干扰素信号通路——Jak-STAT

I 型干扰素通过 Jak-STAT 信号通路诱导干扰素刺激基因。Janus 酪氨酸激酶 1 和 2（Janus kinases，Jak）及 Tyk2 与信号转导和转录激活蛋白（signal transducer and activator of transcription，STAT）1 和 2 直接参与这条信号通路（Majoros et al.，2017；Nan et al.，2017）。

I 型干扰素通过自分泌或旁分泌的方式结合质膜表面由干扰素 α/β 受体 1 和 2（IFN-α/β receptor 1/2，IFNAR1/2）组成的异源二聚体。结合干扰素的受体自身酪氨酸磷酸化，预结合于其上的 Jak1 和 Tyk2 互相磷酸化激活，并磷酸化 STAT1 的 Tyr701、STAT2 的 Tyr690，导致它们形成异源二聚体。IRF9 与 STAT1/STAT2 异源二聚体共同形成干扰素刺激基因因子（IFN-stimulated gene factor 3，ISGF3）复合物，入核结合 ISG 启动子区域的干扰素刺激反应元件（IFN-stimulated response element，ISRE），激活转录（Raftery and Stevenson，2017）（图 1.10）。

#### 1.2.3.2 I 型干扰素的效应分子——干扰素刺激基因

IRF7 是 I 型干扰素的靶基因之一。它在 B 细胞和浆细胞样树突状细胞以外的细胞中含量极少，仅在 IFN-α/β 产生后诱导表达，是 I 型干扰素的正反馈调节因子（Levy et al.，2002）。

此外，I 型干扰素能诱导众多抗病毒蛋白（Schneider et al.，2014；Wang et al.，2017），包括干扰素诱导的 15kDa 蛋白（ISG15）、dsRNA 激活的蛋白激酶（dsRNA-activated protein kinase，PKR）、2′-5′-寡腺苷合酶（2′-5′-oligoadenylate synthetase，OAS）、RNA 酶 L（RNase L）及 Mx 蛋白等。ISG15 是泛素（ubiquitin，Ub）的同源分子，也叫类泛素蛋白（Ub-like protein），它的 C 端能共价结合靶蛋白特异的赖氨酸位点进行调节，如 ISG15 化修饰能抑制 IRF3 降解从而增加 I 型干扰素的诱导（Dos Santos and Mansur，2017；Hermann and Bogunovic，2017）；PKR 能抑制病毒 mRNA 的翻译起始（Garcia et al.，2006；Marsollier et al.，2011；Nallagatla et al.，2011）；OAS 激活后使 2′-5′-腺苷酸聚合并结合 RNase L，降解胞质的病毒 RNA（Domingo-Gil et al.，2010）；Mx 蛋白能结合并损伤病毒蛋白，干扰病毒的复制和组装（Lee et al.，2010）。

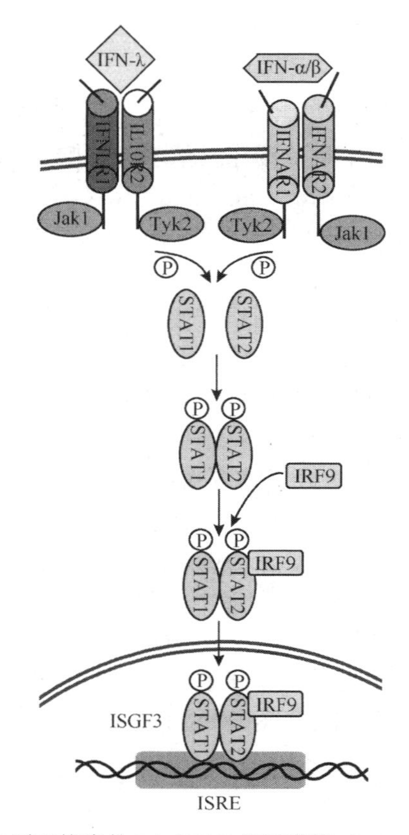


图 1.10　I 型干扰素的 Jak-STAT 信号通路（Lemon，2010）

I 型干扰素（IFN-α/β）结合到位于细胞膜表面的异源二聚受体 IFNAR1/2 后，受体结合的 Jak1 和 Tyk2 磷酸化 STAT1 和 STAT2。磷酸化的 STAT1 和 STAT2 异源二聚化并招募 IRF9 形成 ISGF3 复合物，入核结合靶基因启动子区的 ISRE，激活转录。IFN-λ/IL10R2/IFNLR1，III 型干扰素及其受体。

病毒还能诱导许多促炎症因子（Ronnblom et al.，2011），如 IFN-γ 诱导的 10kDa 蛋白/CXC 趋化因子配体 10（IFN-γ inducible 10kDa，IP-10/CXC motif chemokine ligand 10，CXCL10）、T 细胞表达分泌但活化后下调的因子/CC 趋化因子配体 5（reduced upon activation normal T cell expressed and secreted，RANTES/C-C motif chemokine ligand 5，CCL5）、TNF-α、IL-6 及 IL-12 等（Snell et al.，2017）。IP-10 和 RANTES 能趋化募集各种免疫细胞至感染部位（Lei et al.，2019；Leighton et al.，2018）；TNF-α 能引发炎症和抗病毒反应（Murdaca et al.，2015）；IL-6 能刺激肝脏合成急性期蛋白、刺激 B 细胞产生抗体（Diehl and Rincon，2002）；IL-12 能刺激 NK 和 T 细胞分化（Zundler and Neurath，2015）。

# 1.3　模式识别受体激活转录因子的信号转导

## 1.3.1　胞内体 Toll 样受体介导的抗病毒信号转导

Toll 样受体家族成员 TLR3、TLR7/TLR8 和 TLR9 在内质网膜蛋白线虫基因 unc-93 同源蛋白 B1（*C. elegans* unc-93 homolog B1，UNC93B1）的协助下由内质网转运至胞内体（Fukui et al.，2011；Kim et al.，2008；Lee et al.，2013），识别其中的病毒核酸（Miyake et al.，2018），启动信号转导，诱导促炎症因子和 I 型干扰素表达，激活天然免疫和适应性免疫。

### 1.3.1.1　TLR3 信号转导

活化的 TLR3 通过 Toll/IL-1 受体超家族同源结构域（TIR）招募含 TIR 结构域诱导干扰素的接头分子（TIR domain-containing adaptor inducing IFN-β，TRIF），也叫 TIR 结构域接头分子 1（TIR domain-containing adaptor molecule 1，TICAM1），后者介导不同的下游通路激活 NF-κB、AP-1 和 IRF3/IRF7（Schroder and Bowie，2005；Verma and Bharti，2017）。

一方面，TRIF 的 N 端以 TRAF3 和 NF-κB 活化激酶相关蛋白 1[NF-κB activating kinase(NAK)-associated protein 1，NAP1]为桥梁招募 TBK1 和 IKKε（Hacker et al.，2006；Oganesyan et al.，2006），负责活化 IRF3/IRF7（Meurs and Breiman，2007）。

另一方面，TRIF 通过其 N 端招募 TRAF2/TRAF6（Sasai et al.，2010）。TRAF6 含有环指结构域（ring finger domain），具有泛素 E3 连接酶活性，可以同 UBC13 和 Uev1A 相互作用，使自身发生 K63 位泛素化，通过泛素链招募由 TAK1 和 TAB1/TAB2/TAB3 组成的复合体，再激活两条下游通路（Abdullah et al.，2018）：一为 IKK 复合物，通过经典通路活化 NF-κB（Cusson-Hermance et al.，2005；Li and Stark，2002）；二是 TAK1 磷酸化 MAPK 激酶 6（MAPK kinase 6，MKK6），使其磷酸化 p38 和 JNK，激活 AP-1（Schonthaler et al.，2011）。有报道显示，TRIF 也能招募受体结合蛋白 1（receptor-interacting protein 1，RIP1）激活 TAK1，介导类似的下游反应（Cusson-Hermance et al.，2005）（图 1.11）。

### 1.3.1.2　TLR7/TLR8/TLR9 信号转导

TLR7/TLR8/TLR9 通过胞内的 Toll/IL-1 受体超家族同源结构域招募含有 TIR 的接头分子髓样分化因子 88（myeloid differentiation primary response factor 88，MyD88）（Kawai et al.，1999）。MyD88 进而招募 IRAK4 和 IRAK1 到达受体。

IRAK4 使 IRAK1 磷酸化激活，招募 TRAF6。随后，IRAK1-TRAF6 从受体解离，在质膜上与 TAK1-TAB1/TAB2 相互作用。IRAK1 留在膜上进入降解途径，而 TRAF6-TAK1-TAB1/TAB2 复合物进入胞质，与泛素相关蛋白 Ubc13 和 Uev1A 形成复合体，催化 TRAF6 的 K63 位泛素化，激活其泛素 E3 连接酶活性（Jiang et al.，2002）。TRAF6 随后泛素化 TAK1，使其自身磷酸化活化，随后以类似 TLR3 通路中的作用激活 NF-κB 和 AP-1，诱导促炎症因子表达（Gohda et al.，2004）。

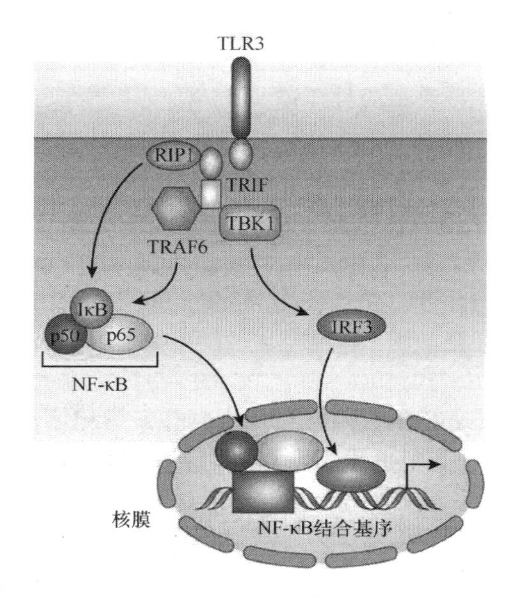


图 1.11　TLR3 信号通路（Akira and Takeda，2004）

TRIF 的 N 端结构域招募 TBK1，后者磷酸化活化 IRF3；TRIF 的 N 端 TRAF 结合基序（TRAF-binding motif）招募 TRAF6，TRIF 的 C 端 RIP 同型作用基序（RIP homotypic interaction motif，RHIM）招募 RIP1，此后 TRAF6 和 RIP1 共同介导 NF-κB 的活化。IRF3 和 NF-κB 共同作用，诱导 IFN-β 和促炎症因子的表达。

MyD88 还招募组成型表达于浆细胞样树突状细胞的 IRF7，同时 IRAK4 下游的 IRAK1 与 TRAF3、IKKα 和骨桥蛋白（osteopontin，OPN）结合（Gottipati et al.，2008），介导 IRF7 磷酸化激活（Honda et al.，2004；Hoshino et al.，2006；Kawai et al.，2004；Uematsu et al.，2005）（图 1.12）。最近一些报道称 TLR9 在内质网合成后进入高尔基体，其胞外结构域的第 14 和第 15 个富含亮氨酸重复序列的一段柔性环（aa441～470）被溶酶体组织蛋白酶水解断裂，余下部分进入胞内体成为有活性的受体（Asagiri et al.，2008；Ewald et al.，2008；Park et al.，2008）。

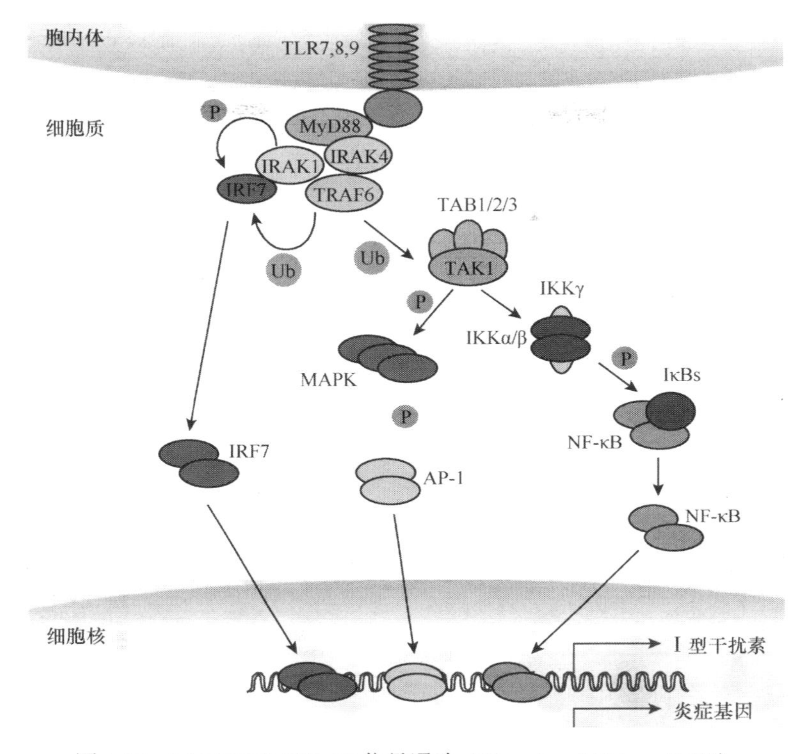


图 1.12　TLR7/TLR8/TLR9 信号通路（Kawai and Akira，2006）

胞内体 TLR7/TLR8/TLR9 感受配体刺激后，通过 MyD88 招募下游信号分子激活 NF-κB 和 AP-1。MyD88 招募 IRF7、TRAF6 和 IRAK1/IRAK4，其中 TRAF6 介导 IRF7 的泛素化，IRAK1 磷酸化 IRF7 使其活化并二聚入核，诱导 I 型干扰素（IFN-α 和 IFN-β）表达。

### 1.3.2　胞质 RIG-I 样受体介导的抗病毒信号转导

RIG-I 和 MDA5 感受胞质 dsRNA 刺激后构象改变从而活化。RIG-I 彻底激活还需要泛素 E3 连接酶三基序蛋白 25（tripartite motif protein 25，TRIM25）催化其 K172 位的 K63 位泛素化（Gack et al.，2007）；另一个泛素连接酶环指结构域蛋白 135（ring finger protein 135，RNF135）也能通过泛素化 RIG-I 来正调节其活性（Gao et al.，2009；Oshiumi et al.，2009）。

活化的 RIG-I 样受体通过 CARD 同型相互作用招募线粒体抗病毒信号蛋白（mitochondrial antiviral signaling protein，MAVS），后者招募一系列信号分子，在线粒体外膜处形成信号复合物，介导不同的下游信号通路（图 1.13）（Vazquez and Horner，2015）。

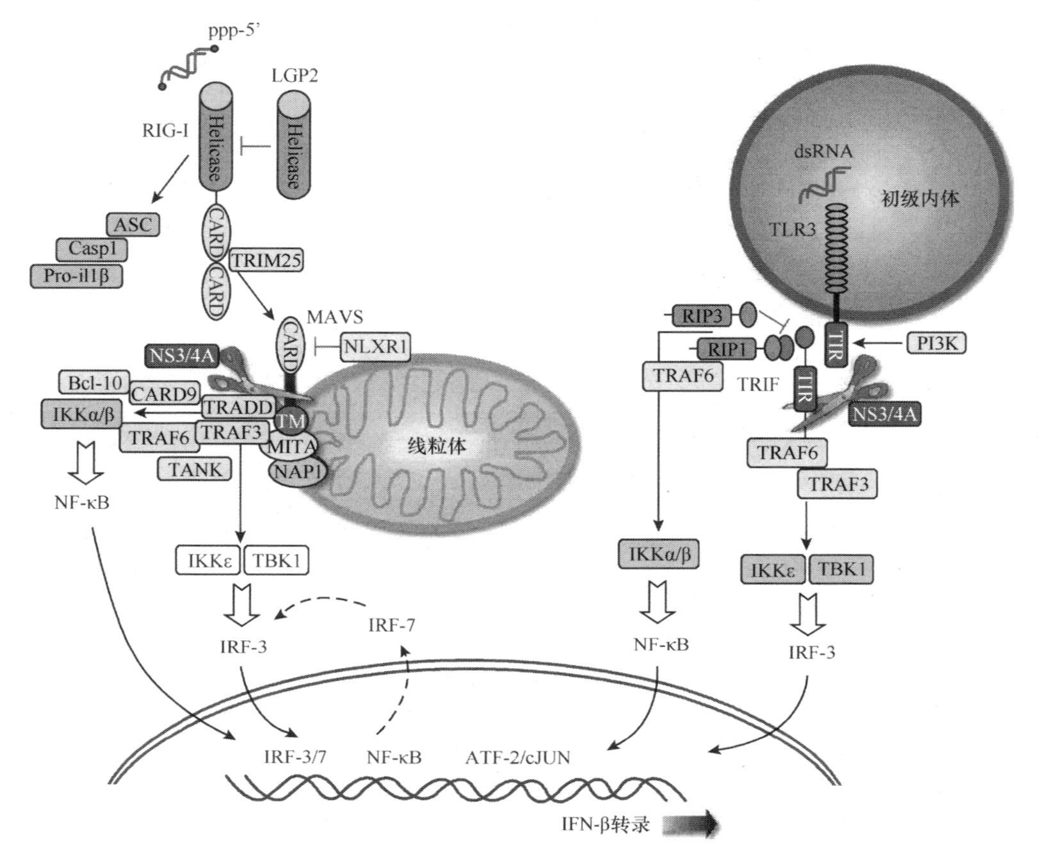


图 1.13　RIG-I 和 TLR3 识别 dsRNA 诱导 IFN-β（Lemon，2010）

TLR3 位于早期胞内体膜上，感受其中的病毒 dsRNA（>40～50bp），通过 TRIF 介导 IRF3 和 NF-κB 的激活；胞质中 5′-ppp 的病毒 RNA 被 RIG-I 识别，通过线粒体接头分子 MAVS 激活 IRF3 和 NF-κB。活化的 IRF3 和 NF-κB 入核与 AP-1（ATF-2/c-Jun）共同诱导 IFN-β 基因的表达。ASC，CARD 凋亡相关蛋白（apoptosis-associated speck-like protein containing a CARD）；Bcl-10，B 细胞淋巴瘤基因 10（B cell lymphoma 10）；CARD9，CARD 蛋白 9（caspase recruitment domain protein 9）；NLRX1，寡核苷结构域家族受体 X1[nucleotide oligomerization domain（NOD）-like receptor X1]；NS3/4A，HCV 等病毒的非结构蛋白（nonstructural protein 3/4A）；PI3K，3-磷脂酰肌醇激酶（phophatidylinositol-3-kinase）；TRIM25，三基序蛋白 25（tripartite motif protein 25）。

一方面，MAVS 借助 TRAF3 的桥梁作用招募 TBK1 介导 IRF3 的激活（Banoth and Cassel，2018）。也有报道显示病毒刺激后 STING 能在空间上靠近 MAVS，并招募 TBK1 到 MAVS 信号复合物（Zhong et al.，2008）。另一方面，MAVS 招募 TRAF6、RIP1、Fas 相关死亡结构域蛋白（Fas-associated death domain protein，FADD）和 TNFR 相关死亡结构域蛋白（TNFR-associated death domain protein，TRADD）等，分别激活 NF-κB 和 AP-1，诱导促炎症因子和 I 型干扰素的表达（Jacobs and Coyne，2013）（图 1.14）。

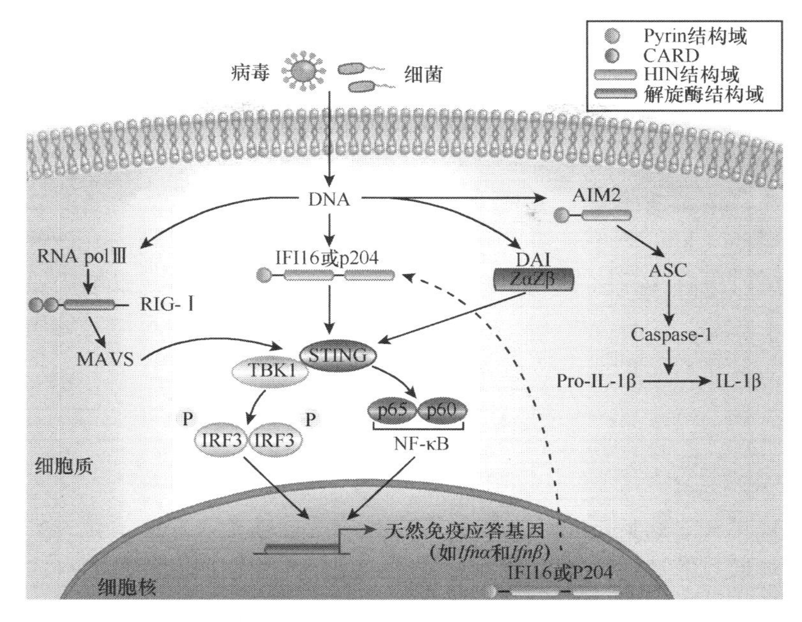


图 1.14　胞质 dsDNA 受体信号通路（Goubau et al.，2010）

正常细胞的胞质内通常不含 dsDNA，病毒感染将 DNA 释放至胞质后，DNA 能被胞质的受体 AIM2 识别激活炎性小体（inflammasome）诱导分泌 IL-1β。RNA pol III 能将富含 AT 的 DNA 转录为 RIG-I 样受体识别的配体诱导 I 型干扰素。DAI 能结合 DNA，但其作用并不显著。含有热蛋白结构域的蛋白质 IFI16（小鼠的 p204）是一个核质穿梭蛋白，它识别胞质 dsDNA 后，能招募 STING 依赖 TBK1 激活 IRF3 和 NF-κB 诱导 I 型干扰素。

## 1.3.3　胞质 dsDNA 受体介导的抗病毒信号转导

胞质 dsDNA 通路中的重要接头分子 STING 可强烈诱导 I 型干扰素基因的表达（Ishikawa and Barber，2011；Nakhaei et al.，2010）。DNA 受体 IFI16（小鼠的 p204）能在 DNA 刺激或 HSV 感染后招募 STING 诱导 I 型干扰素（Unterholzner et al.，2010）。RNA pol III 能将胞内 dsDNA 转录为 5′-ppp RNA 结构，被 RLR 感受刺激并诱导 I 型干扰素表达（Ablasser et al.，2009）（图 1.14）。

## 1.3.4　不同细胞类型中信号通路的差异

不同类型的细胞运用种类各异的信号通路诱导 I 型干扰素的表达。用新城疫病毒刺激 *Myd88*$^{-/-}$*Trif*$^{-/-}$小鼠胚胎成纤维细胞和髓样树突状细胞后，*Ifn-β*、*Ip-10*、*Rantes* 和 *Il-6* 的表达量与野生型相当，而 NDV 刺激的 *Rigi*$^{-/-}$小鼠胚胎成纤维细胞和髓样树突状细胞几乎不表达上述基因。这表明包括小鼠胚胎成纤维细胞在内的非免疫细胞和髓样树突状细胞主要依赖 RIG-I 而非 Toll 样受体诱导 I 型干扰素。类似的实验证明，浆细胞样树突状细胞中 I 型干扰素的产生几乎完全依赖 TLR7/TLR9

而非 RIG-I（Swiecki and Colonna，2015）。

细胞水平的检测一定程度上体现了机体遭遇病毒感染时的反应方式。Akira 等用病毒全身性感染小鼠后发现：I 型干扰素主要由浆细胞样树突状细胞通过 Toll 样受体介导产生，巨噬细胞和髓样树突状细胞仅能产生少量 I 型干扰素；用病毒局部感染小鼠后，在感染部位的巨噬细胞和髓样树突状细胞检测到由 RIG-I 样受体介导产生的大量 I 型干扰素，最终清除感染部位的病毒；当局部巨噬细胞和髓样树突状细胞表达干扰素受阻或感染由局部发展为全身性时，浆细胞样树突状细胞将主导 I 型干扰素的表达（Kumagai et al.，2007）。这证明机体遭遇病毒感染后使用的信号通路与感染部位和程度密切相关。

# 小　结

天然免疫是生物体抵抗病毒侵袭的第一道防御体系，不仅依靠各种屏障阻隔病毒颗粒，而且能活化天然免疫细胞与分子，在感染初期发挥抗病毒作用，并激活适应性免疫（Dustin，2017）。

在此过程中，I 型干扰素（IFN-α/β）的产生和抗病毒作用是防御感染的主体。宿主细胞的模式识别受体识别病毒病原相关的分子模式，通过信号转导活化转录因子 IRF3/IRF7、NF-κB 和 AP-1，诱导产生 I 型干扰素。随后，I 型干扰素下游信号通路诱导干扰素刺激基因，启动抗病毒反应（O'Neill and Bowie，2010）。

最普遍的病原相关的分子模式为病毒的核酸。主要有三类模式识别受体负责识别它们：胞内体 Toll 样受体、胞质的 RIG-I 样受体及 dsDNA 受体。它们在不同的部位感受病毒刺激，利用特异的接头分子进行信号转导，活化转录因子（Yoneyama and Fujita，2010）。

模式识别受体的表达谱各异，因此不同类型细胞中抗病毒天然免疫的信号通路有所差异。在浆细胞样树突状细胞中，Toll 样受体的作用占据统治地位，且几乎完全依赖转录因子 IRF7（而非 IRF3）诱导 I 型干扰素（Biggioggero et al.，2010；Hamilton et al.，2018；Malkiel et al.，2018；Savitsky et al.，2010），所以 IRF7 在这条信号通路中的重要性不言而喻；而绝大部分细胞则要依赖 RIG-I 样受体和 DNA 受体介导抗病毒反应，于是 RIG-I 样受体唯一的接头分子——MAVS 的作用成为这条通路中的关键环节（Vazquez and Horner，2015；Xu et al.，2019）。

# 第 2 章　抗病毒蛋白 MAVS 的功能和调节

线粒体抗病毒信号蛋白（mitochondrial antiviral signaling，MAVS）（Seth et al.，2005），也称病毒诱导的接头分子（virus-induced signaling adaptor，VISA）（Xu et al.，2005）、干扰素 β 启动刺激因子 1（IFN-β promoter stimulator-1，IPS-1）（Kawai et al.，2005）或 CARD 衔接体诱导干扰素（CARD adaptor inducing IFN-β，Cardif）（Meylan et al.，2005），是线粒体抗病毒天然免疫的关键分子，从 2005 年发现起一直是研究者关注的焦点。随着研究的深入，不断有新的分子或蛋白家族参与到 MAVS 的调节过程中来（Tan et al.，2018）。

## 2.1　MAVS 及其介导的抗病毒信号转导

*Mavs*$^{-/-}$小鼠胚胎成纤维细胞、髓样树突状细胞和巨噬细胞在仙台病毒（RIG-I 识别）和副黏病毒（MDA5 识别）的刺激下几乎不产生 I 型干扰素和促炎症因子，也检测不到 IRF3 和 NF-κB 的激活，表明 MAVS 是 RIG-I 样受体下游的关键接头蛋白（Sun et al.，2006）。MAVS 还能介导机体对登革热病毒的天然免疫信号通路（Perry et al.，2009）。它的发现首次将线粒体与天然免疫联系起来，具有里程碑式的意义（McWhirter et al.，2005）。有报道称，一个在美国黑人系统性红斑狼疮（systemic lupus erythematosus，SLE）患者中鉴定的 MAVS 失活突变体 C79F，使得患者产生 I 型干扰素的能力低于常人（Pothlichet et al.，2011）。这个发现从临床上证实了 MAVS 在抗病毒天然免疫中的重要作用。

### 2.1.1　MAVS 信号转导的结构基础

MAVS 的编码基因位于染色体 20p13，成熟蛋白包括 540 个氨基酸，在各组织和细胞中均有表达（Krishnan et al.，2018）。

它的 N 端含有一个 CARD 结构域（aa10～77）；其后有一个富含脯氨酸区域（proline-rich region，PRR；aa107～173），内含一个 TRAF2/TRAF3 结合基序（PVQ145E，Q145N 突变将丧失结合）（Vitour et al.，2009）和一个 TRAF6 结合基序（aa151～159），还有一个 TRAF3/TRAF6 结合基序位于 MAVS 的 C 端（P455E456E457NEY，PEE 突变为 AAA 将丧失结合）（Paz et al.，2011）；C 端为跨膜结构域 TM（aa514～535），将 MAVS 锚定在线粒体外膜上。

MAVS 的 CARD 与 RIG-I 和 MDA5 的 CARD 具有很高的相似性（Potter et al.，2008），因此 RIG-I 样受体可通过 CARD-CARD 同型相互作用招募 MAVS 进行下游信号转导。模式识别受体内部的 TRAF 结合基序通过招募不同的 TRAF 家族分子，介导特异的下游信号通路（Xu et al.，2005）。曾有研究者认为，C 端缺失将破坏 MAVS 的线粒体定位，使其丧失激活 I 型干扰素的能力（Seth et al.，2005）。但最近有报道显示，MAVS 通过 C 端在线粒体上寡聚，寡聚化而非线粒体定位才是 MAVS 信号转导的决定因素（Baril et al.，2009；Cai et al.，2014a；Cai and Chen，2014；Cai et al.，2017）。仅含有 N 端 CARD 和 C 端跨膜区的截短体 MAVS 在过量表达时具有与野生型蛋白类似的功能（Seth et al.，2005），暗示这两个结构域对 MAVS 的功能是最重要的。

### 2.1.2 MAVS 介导的抗病毒反应

#### 2.1.2.1 MAVS 激活 NF-κB

突变 MAVS 的 TRAF2 结合基序或 TRAF6 结合基序将导致 MAVS 激活 NF-κB 的能力大大降低，同时突变则完全丧失对 NF-κB 的激活作用；在 *Traf6*$^{-/-}$小鼠胚胎成纤维细胞中，MAVS 不能有效激活 NF-κB（Xu et al.，2005），这说明 MAVS 通过 TRAF2 和 TRAF6 激活 NF-κB。

*Fadd*$^{-/-}$和 *Rip1*$^{-/-}$小鼠在 dsRNA 刺激下，I 型干扰素的产生受阻（Balachandran et al.，2004）。在此基础上发现通过 TNFR 相关死亡结构域蛋白 TRADD 的桥梁作用（Michallet et al.，2008），Fas 相关死亡结构域蛋白（FADD）和受体结合蛋白 1（RIP1）可特异诱导 MAVS 下游 NF-κB 的靶基因。FADD 还能招募凋亡蛋白 Caspase-8 和 Caspase-10，使它们发生剪切变为成熟蛋白，进一步激活 NF-κB（Takahashi et al.，2006）。

此外，尚有报道认为呼吸道合胞病毒能刺激 MAVS 通过非经典途径激活 NF-κB（Liu et al.，2008），但这其中的机制还很不完善。

#### 2.1.2.2 MAVS 激活 IRF3/IRF7

前面提到，MAVS 主要通过其 N 端的 TRAF 结合基序与 TRAF3 相互作用（可能 TRADD 也是此复合物成员之一），后者招募 TBK1/IKKε 至 MAVS 复合物，负责磷酸化 IRF3/IRF7（Clement et al.，2008；Fitzgerald et al.，2003）。有研究表明，RIP1 和 FADD 可能也参与 IRF3 的激活，因为这两个分子的 siRNA 强烈抑制 RIG-I 介导的干扰素刺激反应元件（ISRE）报告基因的活化（Michallet et al.，2008）。2008 年报道内质网膜蛋白 STING 能以病毒感染依赖的方式招募 TBK1 至 MAVS，介导 I 型干扰素的激活（Nakhaei et al.，2010）。STING 与 MAVS 具有相互作用（Zhong et al.，2008），并且在 MAVS 介导的信号通路中扮演着重要的角色，这暗示了另一个典型的亚细胞结构单元——内质网通过与线粒体的信号交换，直接参与抗病毒天然免疫的调控过程。

MAVS 的关键作用使得其活性调控显得尤为重要。事实上，在病毒感染前后均存在大量控制机制，多方面影响 MAVS 的生理功能。

## 2.2　MAVS 的调节机制

MAVS 介导的抗病毒信号通路是天然免疫的重要环节，但过度激活也可能引起自身免疫疾病和慢性炎症等不良后果，因此机体具有一系列精密调控机制限制 MAVS 的活性（Liu and Gao，2018）。病毒为了逃逸宿主的识别与杀伤，也通过种种方式负调节 MAVS（Moore and Ting，2008）。

### 2.2.1　宿主细胞对 MAVS 的调节

宿主细胞通过降解或影响蛋白质–蛋白质相互作用等方式负调节 MAVS（表 2.1）。

**表 2.1　负调节 MAVS 的宿主因子**

| 名称 | 作用方式 | 调节机制 | 参考文献 |
|---|---|---|---|
| PCBP2-AIP4 | 负反馈 | 介导 MAVS 的 K48 位泛素化 | You 等，2009 |
| RNF5 | 负反馈 | 介导 MAVS 的 K48 位泛素化 | Zhong 等，2010 |
| RNF125 | 负反馈 | 介导 MAVS 的 K48 位泛素化 | Arimoto 等，2007 |
| PSMA7（α4） | 负反馈 | 介导 MAVS 依赖蛋白酶体的降解 | Jia 等，2009 |
| PLK1 | 负反馈 | 限制 MAVS 结合 TRAF3 | Vitour 等，2009 |
| gC1qR | 负反馈 | 与 RLR 竞争结合 MAVS | Xu 等，2009 |
| MARCH5 | 负调节 | 介导 MAVS 的 K48 位泛素化 | Yoo 等，2015 |
| TAX1BP1-Itch | 负调节 | 介导 MAVS 的 K48 位泛素化 | Choi 等，2017 |
| Smurf1 | 负调节 | 介导 MAVS 的 K48 位泛素化 | Wang 等，2012 |
| Smurf2 | 负调节 | 介导 MAVS 的 K48 位泛素化 | Pan 等，2014 |
| VHL | 负调节 | 介导 MAVS 依赖蛋白酶体的降解 | Du 等，2015 |
| NLRX1 | 稳态 | 与 RLR 竞争结合 MAVS | Moore 等，2008 |
| Mfn2 | 稳态 | 限制 MAVS 结合其他分子 | Yasukawa 等，2009 |
| Atg5-Atg12 | 稳态 | 结合 MAVS | Jounai 等，2007 |

注：PCBP2，多聚胞嘧啶结合蛋白 2[poly（C）-binding protein 2]；AIP4，Atrophin 1 结合蛋白 4（atrophin 1-interacting protein 4）；RNF5/125，环指蛋白 5/125（ring finger protein 5/125）；PSMA7，蛋白酶体亚基 7 组分 α4（proteasome subunit 7，α 4 type）；PLK1，Polo 样激酶 1（Polo-like kinase 1）；gC1qR，补体蛋白 C1q 受体；MARCH5，膜相关环-CH 型蛋白 5（membrane associated ring-CH-type finger 5）；TAX1BP1，Tax1 结合蛋白 1（Tax1 binding protein 1）；Smurf1/2，Smad 特异性 E3 泛素蛋白连接酶 1/2（SMAD specific E3 ubiquitin protein ligase 1/2）；VHL，von Hippel-Lindau 抑癌蛋白（von Hippel-Lindau tumor suppressor protein）；NLRX1，核苷酸结合寡聚结构域样受体 X1（NLR family member X1）；Mfn2，线粒体融合蛋白 2（mitofusin 2）；Atg5-Atg12，自噬蛋白 5-12（autophagy 5-autophagy 12）。

### 2.2.1.1 降解 MAVS

降解作用主要是通过泛素–蛋白酶体途径（ubiquitin-proteasome pathway，UPP）实现的（McInerney and Karlsson Hedestam，2009）（图 2.1）。泛素（ubiquitin，Ub）由 76 个氨基酸组成，高度保守，普遍存在于真核细胞内，其上 7 个赖氨酸均可共价结合底物，导致不同的后果：K48 位泛素化介导靶蛋白依赖 UPP 的降解（Bhoj and Chen，2009），而 K63 位泛素化通常使底物活化。泛素化需要三类蛋白酶：泛素激活酶（ubiquitin-activated enzyme，E1）、泛素结合酶（ubiquitin-conjugating enzyme，E2）和泛素连接酶（ubiquitin ligase，E3），其中 E3 决定底物特异性。

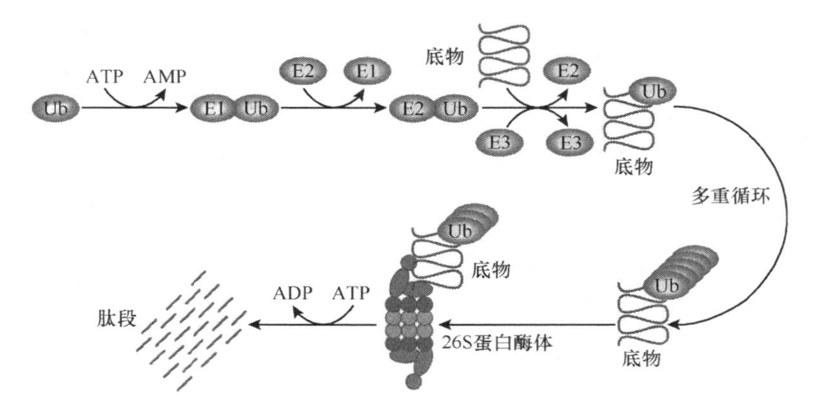


图 2.1 泛素–蛋白酶体途径降解蛋白质

利用三磷酸腺苷（ATP）水解为一磷酸腺苷（AMP）过程中释放的能量，一分子泛素（ubiquitin，Ub）的 C 端共价结合到泛素激活酶（E1）上；随后泛素由 E1 传递至泛素结合酶（E2）；泛素连接酶（E3）特异地识别底物蛋白，并催化泛素由 E2 共价结合至底物的特定赖氨酸（K）位点。下一轮循环后，另一分子泛素的 C 端结合至刚才结合的泛素分子的第 48 位赖氨酸（K48）上；如此多轮循环后，多个泛素通过 K48 位彼此相连。这种 K48 位多泛素结构能被 26S 蛋白酶体识别，利用水解 ATP 为二磷酸腺苷（ADP）的能量使底物降解为肽段或寡肽。

（1）RNF125

环指蛋白是一类具有泛素 E3 连接酶活性的分子（Deshaies and Joazeiro，2009）。通过酵母双杂交筛选发现，RNF125 能与 E2 蛋白 UbcH8 相互作用，且 RNF125 能结合 RIG-I 的 N 端 CARD，介导其泛素化降解（Arimoto et al.，2007）。这一特性继而扩展至 MDA5 和 MAVS，即 RNF125 可介导 MAVS 的 K48 位泛素化，从而抑制 MAVS 下游通路的激活。由于 RNF125 是干扰素诱导基因，因此它对 MAVS 的调节属于负反馈调节。

（2）RNF5

RNF5 首先被鉴定为内质网接头分子 STING 的泛素 E3 连接酶，介导后者的降解，负调节 I 型干扰素信号通路（Zhong et al.，2009）。该作者继而发现，RNF5

也能够介导 MAVS 的 K48 位泛素化降解。具体地说，由 RNF5 介导的 MAVS 降解发生在 SeV 感染细胞后的 8～16h；如果用 RNAi 降低 RNF5 的表达水平，那么病毒感染后 MAVS 的蛋白水平比对照将增加。RNF5 通过其分子中部外加 N 端或 C 端任意一端与 MAVS 的 C 端跨膜结构域相互作用（Zhong et al.，2010），这是一个显示 ER 与线粒体共同参与抗病毒天然免疫的有力证据。与 RNF125 类似，这也是一个干扰素诱导的分子，负反馈调节 MAVS 信号通路。

（3）PSMA7

Jia 等（2009）研究者发现，蛋白酶体 α4 型亚基 PSMA7 能够在体外和体内结合 MAVS，其过量表达能够强烈地抑制 MAVS 信号通路的激活。他们鉴定了若干细胞中这两种蛋白质的表达水平，发现呈互补效应，即 PSMA7 高表达的细胞 MAVS 表达量低，反之亦然。同时，他们观察到仙台病毒 SeV 处理后胞内的 PSMA7 表达量显著增多，对应于 MAVS 蛋白水平的降低，这表明 PSMA7 也是 MAVS 的负反馈调节因子。

（4）MARCH5

线粒体是抗病毒天然免疫反应的关键细胞内结构。MAVS 蛋白在这里多聚化并产生强烈的天然免疫应答，激活 I 型干扰素信号通路。MARCH5 是一个定位在线粒体的泛素 E3 连接酶，仅在病毒感染细胞后与 MAVS 结合，介导 MAVS 第 7 位和第 500 位赖氨酸的 K48 位泛素化及其后依赖蛋白酶体的降解，从而负调节 MAVS 介导的抗病毒免疫反应（Yoo et al.，2015）。

（5）TAX1BP1-Itch

病毒感染不仅引发抗病毒天然免疫应答，还可导致感染细胞发生程序性细胞凋亡。线粒体是细胞凋亡的关键细胞器，而线粒体膜蛋白 MAVS 在此过程中也扮演重要的角色。研究表明，TAX1BP1 可以介导泛素 E3 连接酶 Itch 与 MAVS 的结合，从而导致 MAVS 的泛素化和蛋白酶体途径的降解，达到抑制 MAVS 介导的细胞凋亡的作用（Choi et al.，2017）。

（6）Smurf1/2

Smurf 家族分子属于 HECT 结构域泛素 E3 连接酶，它们通常需要一个连接蛋白作用于底物分子的泛素化过程。Ndfip1 正是 Smurf1 的连接蛋白，介导 Smurf1 分子与线粒体抗病毒蛋白 MAVS 的相互作用，促进病毒感染后 MAVS 分子的泛素化和依赖蛋白酶体途径的降解（Wang et al.，2012）。而另一个家族成员 Smurf2 也具有降解 MAVS 的功能（Pan et al.，2014），因此这两个 Smurf 蛋白均为 MAVS 的负调节因子。

（7）VHL

*VHL* 基因编码抑癌分子，在肿瘤发生过程中起到关键的作用。研究表明，作为 VHL 泛素 E3 连接酶复合物的成员，它不仅能够介导肿瘤形成过程中关键分子

的泛素化，也可以在斑马鱼中介导 MAVS 的第 420 位赖氨酸的 K48 位泛素化及其后依赖蛋白酶体的降解（Du et al., 2015）。这一过程能够抑制 MAVS 介导的抗病毒天然免疫信号通路的激活。因此，VHL 很大程度上是天然免疫抗病毒反应的负调节因子。

#### 2.2.1.2 干扰 MAVS 与信号分子的结合

（1）PLK1

PLK1 也是在酵母双杂交实验中鉴定的 MAVS 结合分子。其 Polo 盒结构域（Polo-box domain，PBD）能结合 MAVS 分子上两个不同的部分：一是依赖于 MAVS 的磷酸化基序“ST234P”，另一个则为 MAVS 的 C 端 TM 结构域。研究表明，PLK1 通过破坏 MAVS 与下游信号分子 TRAF3 的结合，强烈地抑制 MAVS 介导的天然免疫信号通路对 I 型干扰素的诱导（Vitour et al., 2009）。

（2）gC1qR

Xu 等研究发现，病毒 dsRNA 可结合宿主的 gC1qR，引起 gC1qR 向线粒体的转位并与 MAVS 结合。这种结合阻断了 RIG-I/MDA5 信号通路对 IFN-β 的诱导，抑制了细胞的抗病毒天然免疫（Xu et al., 2009）。该研究首次揭示了一种病毒利用宿主蛋白逃逸机体免疫的策略。

（3）NLRX1

NLRX1 是一个普遍表达的线粒体外膜蛋白，能通过分子上的核苷酸结合域（nucleotide-binding domain，NBD）与 MAVS 的 CARD 结合。过量表达和 RNAi 沉默实验显示，NLRX1 能抑制 RIG-I 样受体及 MAVS 介导的胞内抗病毒信号通路；如果去掉 NLRX1 上的富含亮氨酸重复序列（LRR）将失去抑制功能，但并不影响与 MAVS 的结合。进一步研究发现，这种抑制是由于 NLRX1 与 RIG-I 竞争同 MAVS 的结合造成的，NLRX1 的存在导致 RIG-I 无法靠近激活 MAVS。这个分子的蛋白水平不受病毒刺激或干扰素诱导而改变，说明它在稳态下发挥抑制功能（Moore et al., 2008）。

（4）Mfn2

Yasukawa 等研究者报道了一个介导线粒体融合的 Mfn2 蛋白是 MAVS 的抑制因子。Mfn2 通过其 C 端的一个七位重复区（heptad repeat region，HRR）与 MAVS 结合，在稳态环境下抑制 MAVS 介导的信号通路的活化（Yasukawa et al., 2009）。

（5）Atg5-Atg12

Atg5-Atg12 是自噬作用相关蛋白。$Atg^{-/-}$小鼠胚胎成纤维细胞比野生型细胞对水疱性口炎病毒的抗性更强，能产生更多 I 型干扰素。经研究发现，这种效果是由于 Atg5-Atg12 复合物能够结合 MAVS 的 CARD，从而破坏其信号转导造成的（Jounai et al., 2007）。与此一致，Atg5-Atg12 的形成需要另一个自噬蛋白 Atg7 的协助，研究发现 *Atg7*$^{-/-}$小鼠胚胎成纤维细胞也对 VSV 的抗性更强。

### 2.2.1.3　其他调节方式

酪氨酸激酶 c-Abl 能在体内与 MAVS 结合并介导 MAVS 的磷酸化修饰。这一过程影响 MAVS 的活性及其下游信号通路的激活（Song et al.，2010）。

除了这些直接针对 MAVS 的调节，宿主也通过调节 MAVS 上下游的其他分子来控制 MAVS 介导的线粒体抗病毒天然免疫反应（Yoneyama and Fujita，2010）（图 2.2）。

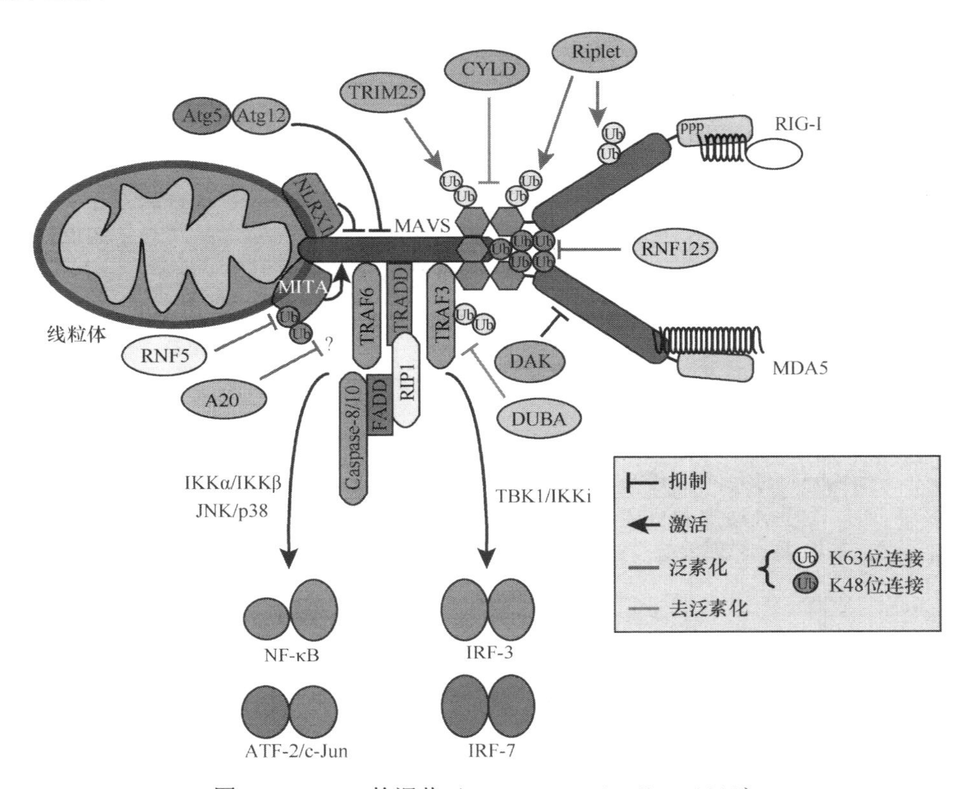


图 2.2　MAVS 的调节（Yoneyama and Fujita，2010）

活化的 RIG-I/MDA5 结合 MAVS，后者招募 TRAF3/TRAF6、TRADD、FADD、RIP1 和 Caspase-8/10 来激活 IRF3/IRF7、NF-κB 和 ATF-2/c-Jun。线粒体蛋白 NLRX1 负调节 MAVS，而内质网/线粒体膜蛋白 STING 与 MAVS 结合，强烈诱导 I 型干扰素和 ISG 表达；RNF5 作为 STING 和 MAVS 的泛素 E3 连接酶，导致其 K48 位泛素化随后降解；Atg5-Atg12 复合物通过结合 RIG-I-MAVS 负调节通路；TRIM25 或 Riplet/RUEL 均通过介导 RIG-I 的 K63 位泛素化激活通路；DAK 特异抑制 MAVS 而不影响 RIG-I；RNF125 能降解 RIG-I、MDA5 和 MAVS；A20 和 DUBA 可能作为去泛素酶负调节通路。A20，泛素连接酶/去泛素酶；DAK，二氢丙酮激酶（dihydroacetone kinase）；DUBA，去泛素酶 A（deubiquitinating enzyme A）；Riplet，激活 RIG-I 的环指蛋白（ring finger protein leading to RIG-I activation）。

### 2.2.2 病毒对 MAVS 的调节

与宿主自身的调节不同，病毒通常能编码蛋白酶剪切 MAVS 破坏其定位，从而抑制宿主细胞的抗病毒免疫信号通路（表 2.2）。

**表 2.2 抑制 MAVS 的病毒因子**

| 名称 | 病毒 | 作用方式 | 参考文献 |
|---|---|---|---|
| NS3/4A | HCV | 剪切 | Sklan 等，2009 |
| NS3/4A | GBV-B | 剪切 | Chen 等，2007 |
| 3ABC | HAV | 剪切 | Yang 等，2007 |
| 2A，3C | HRV1a | 剪切 | Drahos 和 Racaniello，2009 |
| NSP15 | SARS-CoV | 剪切 | Lei 等，2009 |
| HBx | HBV | 限制 MAVS 与外界结合 | Kumar 等，2011 |

注：HCV，丙型肝炎病毒（Hepatitis C virus）；GBV-B，B 型 GB 肝炎病毒；HAV，甲型肝炎病毒（Hepatitis A virus）；HRV，鼻病毒（Rhino virus）；NSP15，非结构蛋白 15；SARS-CoV，严重急性呼吸系统综合征（非典型性肺炎）冠状病毒（severe acute respiratory syndrome coronavirus）；HBx，乙型肝炎病毒蛋白 X；HBV，乙型肝炎病毒（Hepatitis B virus）。

#### 2.2.2.1 病毒编码的蛋白酶

早在 MAVS 被报道之初便已发现，丙型肝炎病毒能够在 Cys508 位切割 MAVS 分子而逃避机体的天然免疫效应（Meylan et al.，2005）。由丙型肝炎病毒编码的这个蛋白酶可以切割病毒新合成的前体蛋白为正确的成熟形式，通过这个蛋白酶的水解作用，MAVS 和另一个天然免疫重要接头分子 TRIF 将被切割而失去作用（Li et al.，2005a；Li et al.，2005b），阻遏了下游信号通路的激活。这个蛋白酶也在 B 型 GB 肝炎病毒中被发现（Chen et al.，2007）。而甲型肝炎病毒中的一个同工酶 3ABC 也有类似的效应，不过其切割位点为 Gln428（Yang et al.，2007）。与此类似的还有鼻病毒编码的 2A、3C 蛋白酶（Drahos and Racaniello，2009），以及冠状病毒的 NSP15 等（Lei et al.，2009）。

#### 2.2.2.2 病毒编码的干扰蛋白

Kumar 等研究发现乙型肝炎病毒能编码一种干扰蛋白 HBx，以一种尚不明确的机制帮助病毒复制，更重要的是，它能通过结合 MAVS 干扰宿主的免疫反应。令人费解的是，过量表达这个蛋白质能够抑制机体对转染的 dsDNA 的响应，却不影响转染 poly（I:C）引起的信号通路活化（Kumar et al.，2011）。具体的机制可能还需要进一步研究来验证。

# 小　　结

天然免疫识别病毒核酸的信号通路主要由胞内体和胞质的受体介导。在大部分类型的细胞中，胞质的 RIG-I 样受体信号通路是响应入侵病毒的主要途径（Quicke et al.，2017）。所以 RIG-I 样受体唯一的接头分子——MAVS 的活性尤为关键。

MAVS 是一个线粒体外膜蛋白，其 N 端的 CARD 结构域负责与上游受体结合，其富含脯氨酸的区域（PRR 区）和 C 端的 TRAF 结合基序能结合多个 TRAF 家族成员，介导不同的下游信号通路。一旦感受刺激，MAVS 能强烈活化转录因子 IRF3/IRF7 和 NF-κB 等，诱导 I 型干扰素和促炎症因子的表达（Jiang，2018）。宿主细胞和病毒均通过多重机制调节 MAVS 的活性（Liu and Gao，2018；Richards and Macdonald，2011），有关研究结果详见上文叙述。

尽管如此，许多问题仍有待验证。例如，究竟是 MAVS 的线粒体定位还是自身寡聚化决定其信号转导的效果，还需要更多证据支持；又如，报道显示 MAVS 能定位于过氧化物酶体，介导早期的抗病毒信号转导（Dixit et al.，2010），MAVS 的这种分布是否与细胞类型有关？是否存在病毒感染引起的 MAVS 转位机制（由过氧化物酶体至线粒体）？如果是，生理意义何在？是否存在尚未报道的 MAVS 的调节因子能在抗病毒天然免疫反应中发挥重要的作用？调节的分子机制是怎样的？基于这些疑问，展开了本书的研究内容。

# 第 3 章　PCBP2 负反馈调节 MAVS

胞内抗病毒天然免疫反应的启动始于胞质的模式识别受体——RIG-I 样受体（RLR）家族感受病毒双链核糖核酸（dsRNA）的刺激（Wilkins and Gale，2010）。该受体家族成员 RIG-I 和黑素瘤分化相关基因 5（MDA5）都将信号传递给线粒体抗病毒信号蛋白（MAVS，也称 VISA/IPS-1/Cardif）（Kawai et al.，2005；Meylan et al.，2005；Seth et al.，2005；Xu et al.，2005）。MAVS 依靠分子 C 端的跨膜结构域（TM）锚定于线粒体外膜，并通过分子 N 端的胱天蛋白酶募集域（CARD）与 RIG-I 样受体结合，随后活化。活化的 MAVS 通过信号转导进一步激活下游激酶 TBK1 和 IKKε，这两个激酶能够通过磷酸化作用活化胞质内处于抑制状态的转录因子[核因子 κB(NF-κB)]和干扰素调节因子[干扰素调节因子 3 和（或）7(IRF3/IRF7)]（Clement et al.，2008）。转录因子一旦活化，能强烈诱导 I 型干扰素和促炎症因子的表达。分泌的 I 型干扰素能刺激大量干扰素调节基因的表达，它们彼此协作使细胞进入抗病毒状态，并启动适应性免疫反应（Santhakumar et al.，2017）。

作为 RIG-I 样受体信号通路唯一的接头分子，MAVS 的重要性不言而喻。相应地，它的活性受到来自宿主细胞和病毒的多重调节（Liu and Gao，2018；Moore and Ting，2008）。目前报道的正调节因子有：WDR5 能参与病毒刺激后 MAVS 复合物的组装（Wang et al.，2010）；线粒体蛋白 Tom70 是 MAVS 招募 TBK1 所需的接头蛋白（Liu et al.，2010）；NOX2 及活性氧类（reactive oxygen species，ROS）对 MAVS 诱导 I 型干扰素有促进作用（Soucy-Faulkner et al.，2010）；等等。相比之下，更多负调节因子相继被鉴定：与泛素–蛋白酶体降解途径相关的负调节因子有 RNF125、PSMA7 和 RNF5 等（Arimoto et al.，2007；Jia et al.，2009；Zhong et al.，2010）；通过（竞争性）结合 MAVS 从而影响 MAVS 正常作用的有 NLRX1 和 Mfn2 等（Moore et al.，2008；Yasukawa et al.，2009）；能够合成蛋白酶水解 MAVS 使其活性丧失的病毒和病毒蛋白有甲型肝炎病毒、丙型肝炎病毒和爱泼斯坦–巴尔病毒的 NS3/4A 等（详见第 2 章）。由此可见，MAVS 的调节机制一直是研究者关注的焦点。

2009 年报道了一个通过降解 MAVS 负调节抗病毒天然免疫的新通路：多聚胞嘧啶结合蛋白 2（PCBP2）招募泛素 E3 连接酶 AIP4/Itch，后者能介导 MAVS 的 K48 位泛素化和依赖蛋白酶体途径的降解（You et al.，2009）。这项研究不仅揭示了 MAVS 信号通路的新的负反馈调节机制，而且首次建立了 MAVS 介导的抗病毒天然免疫信号通路的激活与机体的自身免疫病之间的内在关联，为相关疾病的治疗提供了理论依据和分子靶标。本章将详细阐述这项研究。

## 3.1 PCBP 分子的结构与功能

多聚胞嘧啶结合蛋白[poly(C)-binding protein，PCBP]在人和小鼠中可以分为两个大类：一类是 hnRNP K/J；另一类又称 αCP，即 PCBP1-4。这类分子具有共同的进化祖先，分子结构中都含有保守的 K 同源结构域（K homology domain，KH）。尽管结构高度相似，但不同的 PCBP 家族成员的功能不尽相同。它们广泛作用于维持 mRNA 稳定、转录活化、翻译沉默等转录后基因调控过程。这些分子在构象上的多样化使得更多的作用机制仍待进一步发掘。

PCBP 分子都包含三个 KH 结构域，其分子剩余部分的序列差异导致了它们功能的多样化（图 3.1）。

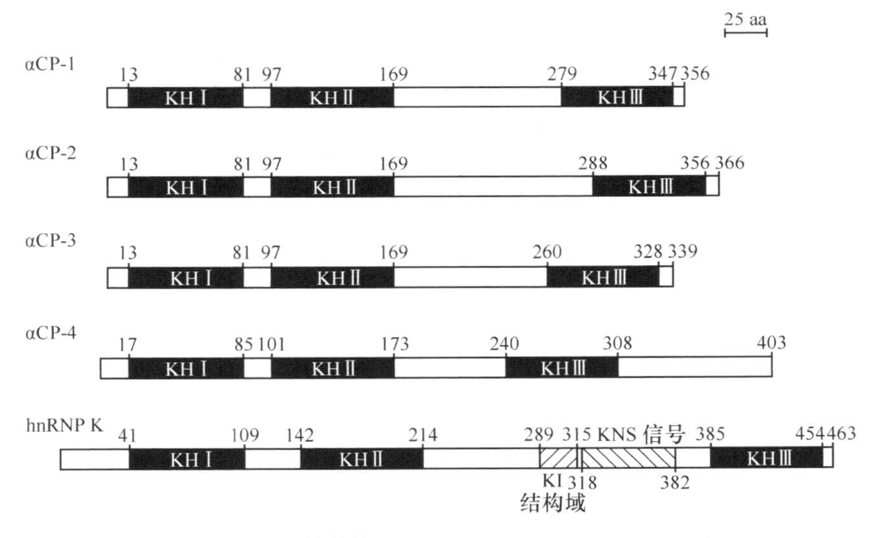


图 3.1　PCBP 的结构（Makeyev and Liebhaber，2002）

5 个主要 PCBP 家族成员的分子结构示意图。保守的 KH 结构域标记为黑色，位于第 2、3 个 KH 结构域之间的区域是 PCBP 分子序列差异最大的部分。

PCBP 分子具有多种与转录后调控有关的功能（图 3.2）。

PCBP2 被证实在不同的小核糖核酸病毒（picornavirus，PV）复制及转录过程中通过结合病毒 RNA 的茎环结构（stem-loop）发挥重要的功能（Walter et al.，2002）。PCBP1 能通过结合 AGO2 蛋白参与 microRNA 分子 miR-1、miR-133 和 miR-206 的转录过程，在骨骼肌定向分化中起到关键的作用（Espinoza-Lewis et al.，2017）。PCBP4 通过调节 mRNA 的稳定性，调控细胞周期相关激酶抑制蛋白 p21 的活性（Scoumanne et al.，2011）。

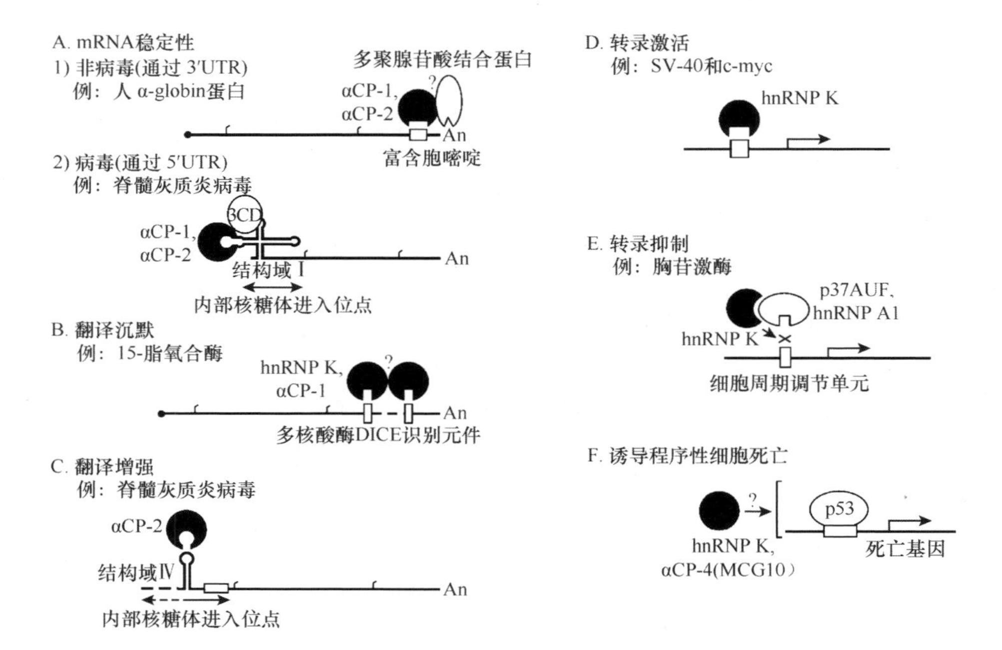


图 3.2 PCBP 的功能（Makeyev and Liebhaber，2002）

A. 结合在 mRNA 的 3'-UTR 区域维持其稳定。B. 引起翻译沉默。C. 增强翻译效率。D. 激活转录。E. 转录抑制。F. 诱导细胞程序性死亡。

值得一提的是，无论是 PCBP1、PCBP2 还是 PCBP4，都表现出一定的抑癌功效（Castano et al.，2008；Tang et al.，2015；Zhang et al.，2016）。PCBP3 则被鉴定为胰腺癌的诊断标志物（Ger et al.，2018）。

PCBP 分子作为一类古老的蛋白家族，其主要的作用与它们结合富含胞嘧啶序列的能力相关，集中在 RNA 的结构和功能方面。同时 PCBP 也因为其第 2、3 个 KH 结构域之间可变的 linker 区域的序列复杂性，使得它们能和许多蛋白质发生相互作用，从而发挥调节 RNA 之外的功能（Makeyev and Liebhaber，2002）。

## 3.2 PCBP2 是 MAVS 的结合蛋白

游富平等研究者通过酵母双杂交筛选发现了一个 MAVS 的结合蛋白 PCBP2（You et al.，2009）。在细胞水平的过表达实验中证实了 PCBP2 与 MAVS 具有很强的相互作用。更为重要的是，RNA 病毒——仙台病毒的感染会诱导内源 PCBP2 与 MAVS 的结合（You et al.，2009）（图 3.3）。

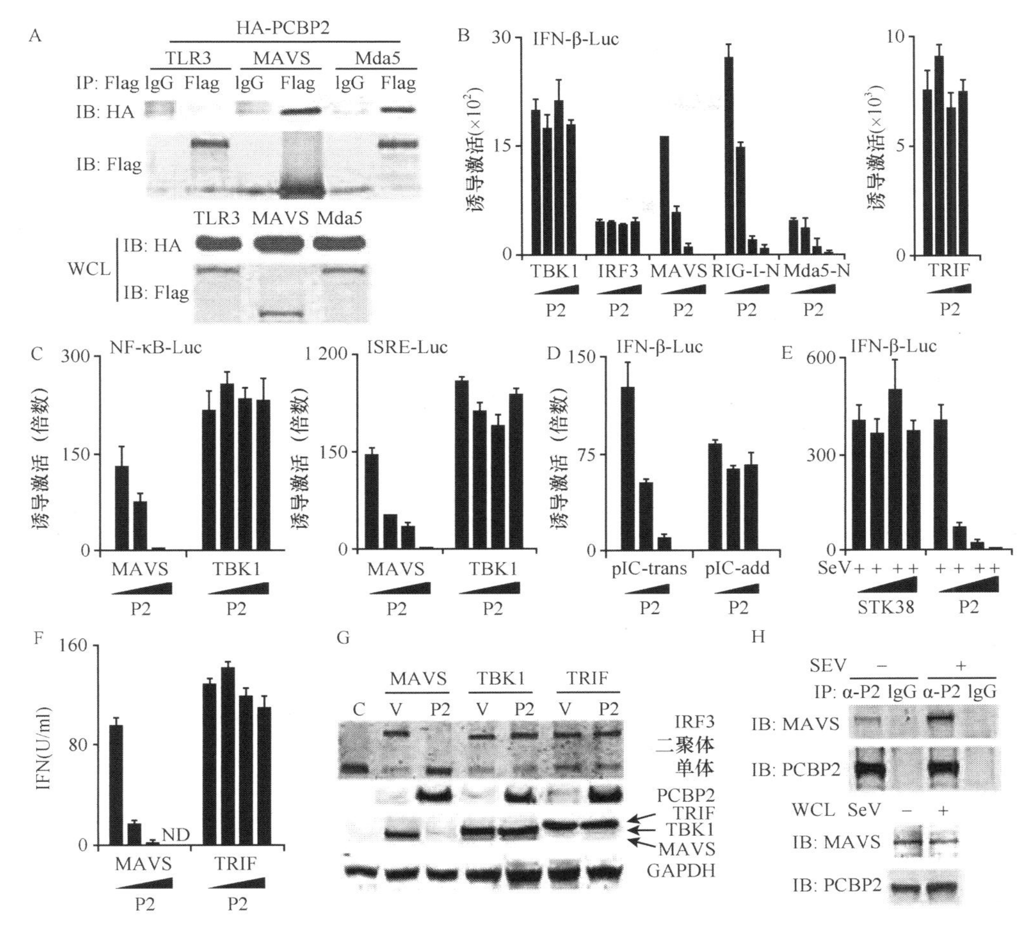

图 3.3　PCBP2 负调节 MAVS 信号通路（You et al.，2009）

A. PCBP2 特异结合 MAVS 和 MAVS 上游分子 MDA5，但不结合 TLR3。B、C. PCBP2 特异抑制 MAVS 和 MAVS 上游蛋白 RIG-I、MDA5，但不抑制 MAVS 下游分子 TBK1 和 IRF3。D～G. PCBP2 特异抑制 MAVS 而非 TRIF 信号通路。H. 仙台病毒感染诱导内源 PCBP2 与 MAVS 的结合。

PCBP2 特异地与位于胞质的 MAVS 及 MAVS 上游分子 MDA5 发生相互作用，但并不结合位于胞内体的分子 TLR3。同时，PCBP2 选择性地与 MAVS 上游受体 RIG-I 结合，但并不结合 MAVS 下游的激酶 TBK1 或者 IKKε。PCBP2 与 MAVS 这种强烈的相互作用暗示它极有可能对 MAVS 信号通路产生一定的影响。果不其然，萤光素酶报告基因实验结果显示，PCBP2 能够剂量依赖性地抑制 MAVS 及其上游分子 RIG-I 和 MDA5 引起的 IFN-β、IFN-α4、ISRE 和 NF-κB 的激活，但并不影响 MAVS 下游分子 TBK1/IKKε 和 IRF3 激活报告基因。同时，PCBP2 特异性地抑制 MAVS 的活性，但并不影响 TLR3 下游的接头蛋白 TRIF 的活性（You et al.，2009）。也就是说，PCBP2 能够特异地抑制 RIG-I 样受体信号通路，却并不影响

Toll 样受体信号通路诱导激活 I 型干扰素的反应。

## 3.3 PCBP2 负调节抗病毒天然免疫

### 3.3.1 PCBP2 的表达在病毒感染后上调

负调节因子通常会在信号通路活化之后发生表达上调，而 PCBP2 的 mRNA 水平和蛋白质水平的研究恰好验证了这一观点（图 3.4）。

### 3.3.2 PCBP2 抑制抗病毒天然免疫

用 RNA 干扰的方式沉默 PCBP2 的表达之后，MAVS 及其上游受体 RIG-I 和 MDA5 介导的抗病毒免疫反应进一步增强，而 MAVS 下游激酶 TBK1 或者 TLR3 信号通路的接头蛋白 TRIF 介导的抗病毒反应则不受 PCBP2 沉默的影响（图 3.4）（You et al., 2009）。

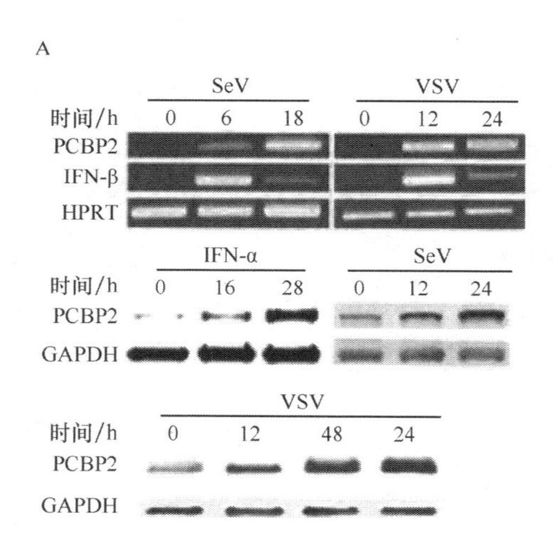


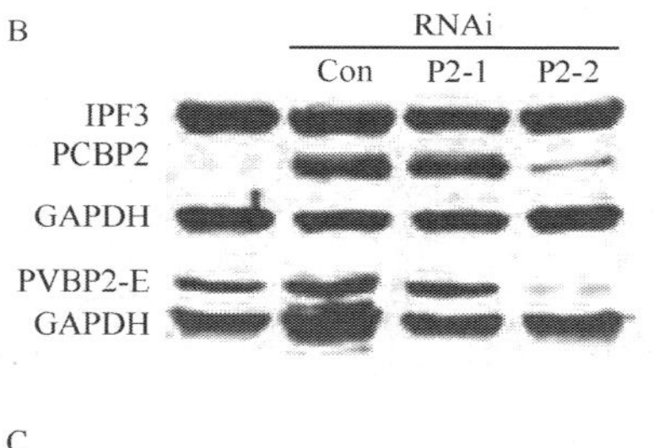


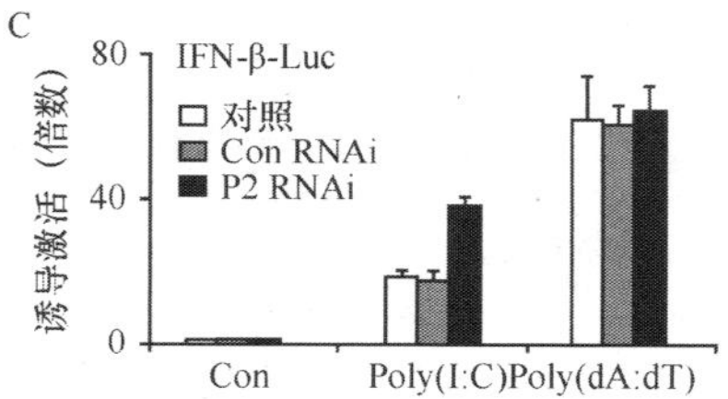


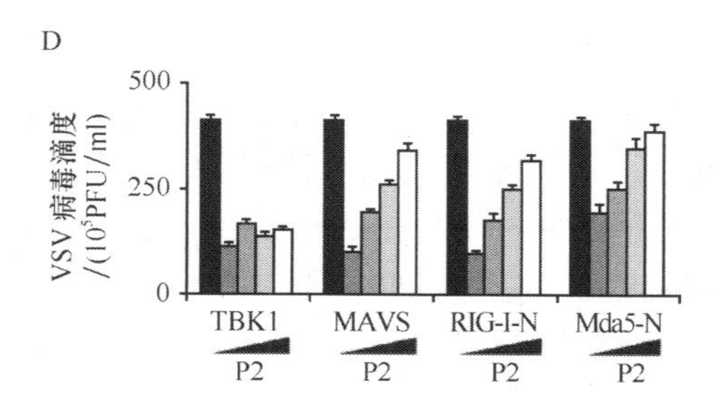


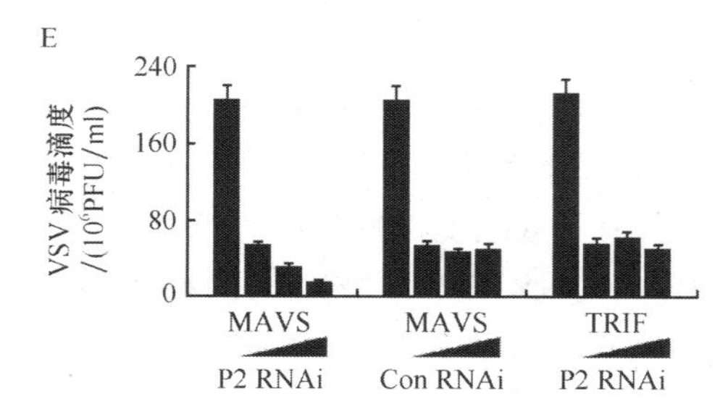

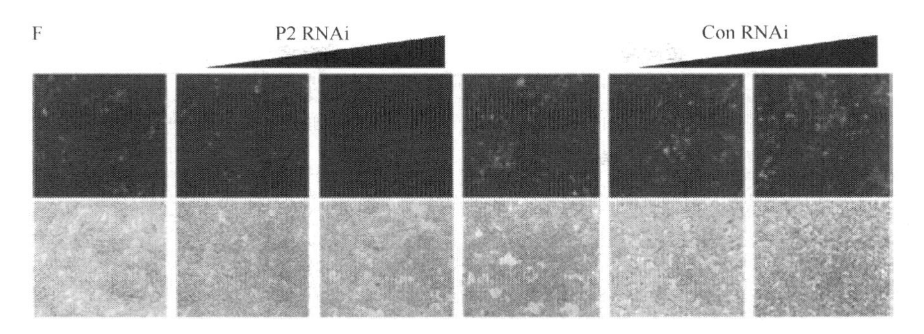


图 3.4　PCBP2 负调节抗病毒免疫（You et al.，2009）（彩图请扫封底二维码）

A. PCBP2 的表达量在病毒感染后上调。B、C. 沉默 PCBP2 使抗 RNA 病毒反应增强，但不影响抗 DNA 病毒的免疫反应。D. PCBP2 特异抑制 MAVS 和 MAVS 上游受体 RIG-I、MDA5 的抗病毒反应，但不影响 MAVS 下游激酶 TBK1 的抗病毒反应。E. 沉默 PCBP2 增强 MAVS 的抗病毒反应，但不影响 TRIF 的抗病毒反应。F. 沉默 PCBP2 增强 MAVS 对 RNA 病毒的抑制效果。

## 3.4　PCBP2 与 MAVS 的结合位点

### 3.4.1　PCBP2 与 MAVS 的 C 端结合

MAVS 通过其 C 端的一个跨膜序列定位于线粒体外膜上。为了精确地鉴定 PCBP2 与 MAVS 分子结合的方式，一系列 MAVS 的截短体蛋白分别与 PCBP2 进行免疫共沉淀实验。结果表明，PCBP2 特异地与 MAVS 的 C 端发生相互作用（图 3.5）。

PCBP2 分子由三个 KH 结构域与一段位于第 2、3 个 KH 之间的 linker 区域所构成。通过截短体的免疫共沉淀实验发现，PCBP2 的 linker 区域是其结合 MAVS 并发挥抑制 MAVS 功能所必需的结构单元（You et al.，2009）（图 3.5）。

### 3.4.2　MAVS 引起 PCBP2 的转位

PCBP2 在静息状态下主要定位于细胞核内，仅有极少量定位于细胞质。而当仙台病毒 SeV 感染细胞后，大量的 PCBP2 由细胞核内转位到细胞质中。免疫荧光结合激光共聚焦显微实验表明，受到病毒感染后出核的 PCBP2 几乎全部定位到线粒体上，与线粒体外膜蛋白 MAVS 形成高度吻合的共定位（图 3.6）。

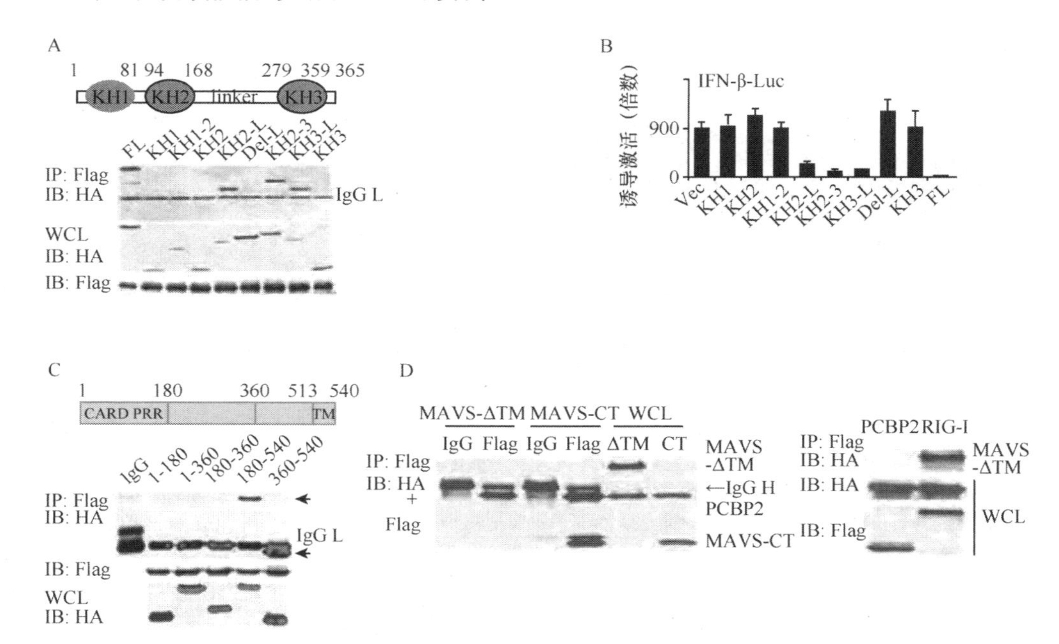


图 3.5 PCBP2 与 MAVS 的 C 端结合（You et al., 2009）

A. PCBP2 的 linker 区域是其与 MAVS 结合所必需的。B. PCBP2 的 linker 区域是其抑制 MAVS 抗病毒反应所必需的。C、D. PCBP2 特异结合 MAVS 含有跨膜结构域的 C 端。

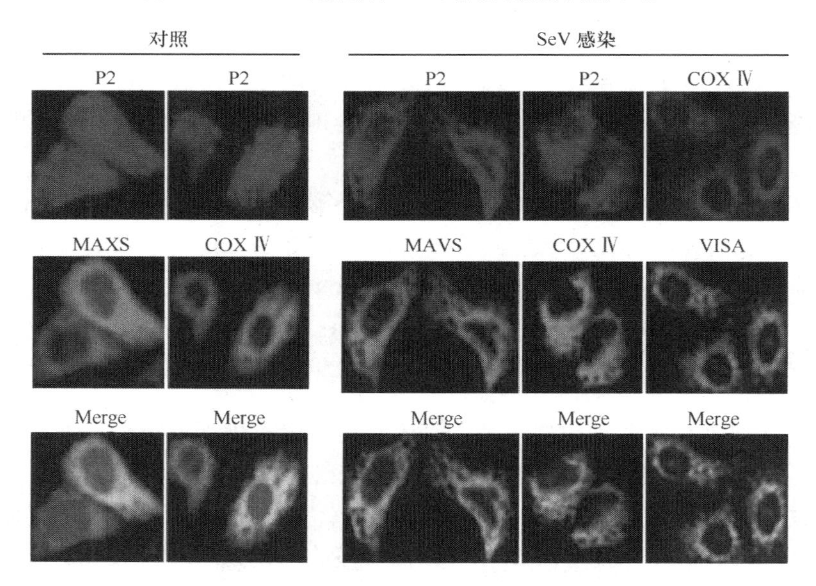


图 3.6 病毒感染后 PCBP2 出核与 MAVS 共定位（You et al., 2009）（彩图请扫封底二维码）

免疫荧光染色结合激光共聚焦显微实验表明，PCBP2 在 SeV 感染细胞后由细胞核内转位到线粒体，与 MAVS/VISA 形成共定位。COX Ⅳ，线粒体标记蛋白。

# 3.5　PCBP2 引起 MAVS 的降解

## 3.5.1　高表达 PCBP2 降低 MAVS 蛋白水平

在免疫共沉淀实验中发现，共表达 PCBP2 之后 MAVS 的蛋白水平显著下降。这一现象在 PCBP2 的表达量逐步增加的同时更为显著（图 3.7A）。与此同时，大量表达的 PCBP2 并不引起 MAVS 的 mRNA 水平的变化（图 3.7B）。沉默 PCBP2 的表达之后，MAVS 的蛋白水平也得到提升（图 3.7C）。这一结果说明，PCBP2 很可能造成 MAVS 的降解。

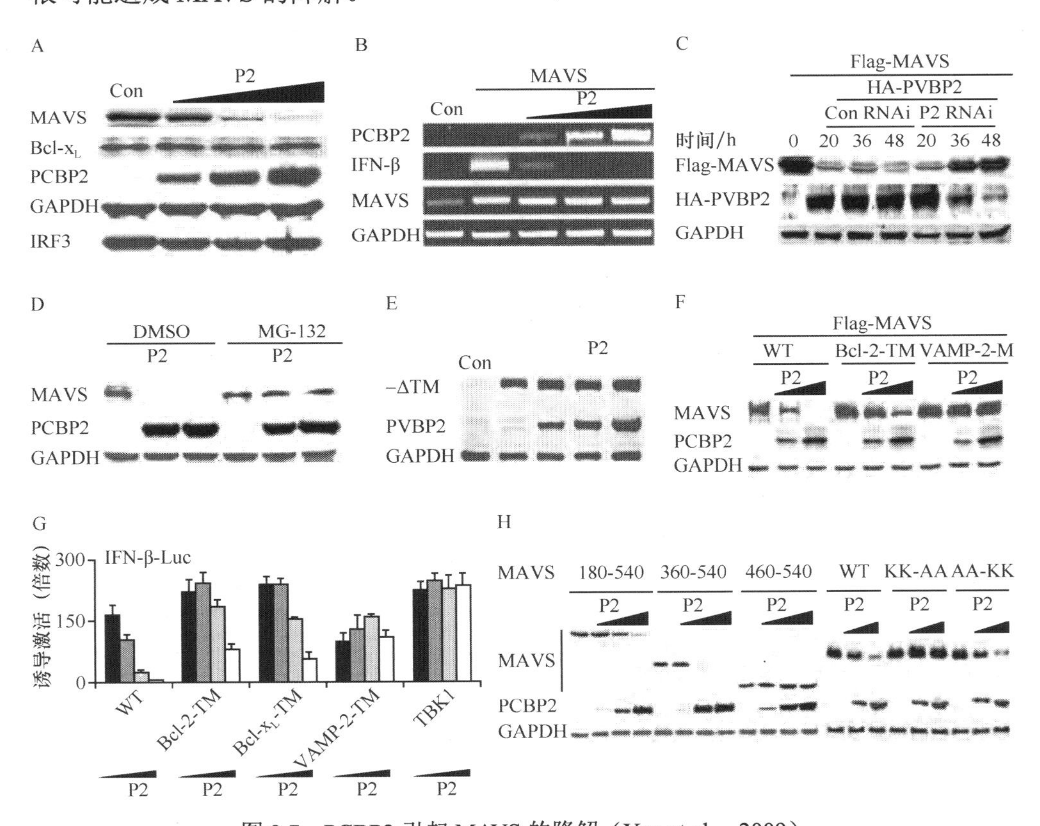


图 3.7　PCBP2 引起 MAVS 的降解（You et al.，2009）

A. 高表达 PCBP2 使 MAVS 蛋白水平降低。B. PCBP2 的表达不影响 MAVS 的 mRNA 水平。C. 沉默 PCBP2 使 MAVS 蛋白量得到恢复。D. MAVS 蛋白量的变化受到蛋白酶体通路的调节。E. 缺失跨膜区的 MAVS 表达量不再受到 PCBP2 的影响。F、G. MAVS 的线粒体定位对 PCBP2 引起的降解是必需的。H. MAVS 的 C 端和其上两个赖氨酸位点（KK）直接影响了其在 PCBP2 作用下的降解。

### 3.5.2 PCBP2 通过蛋白酶体途径降解 MAVS

PCBP2 引起的 MAVS 蛋白水平的下降可以被蛋白酶体抑制剂 MG-132 所恢复（图 3.7D），由此可见，PCBP2 引起的 MAVS 的降解是依赖泛素-蛋白酶体途径完成的。MAVS 的线粒体定位对 PCBP2 引起的降解是必需的，因为去掉定位于线粒体跨膜区的 MAVS 蛋白不再降解（图 3.7E），而将跨膜区换为另一个线粒体蛋白 Bcl-2 的跨膜区后，MAVS 依旧在高表达 PCBP2 时降解。如果将 MAVS 的跨膜区更换为溶酶体蛋白 VAMP-2 的跨膜区，PCBP2 也不能导致 MAVS 降解（图 3.7F）。MAVS 分子上的两个赖氨酸位点（K371K420）是 PCBP2 引起降解所必需的，如果将这两个位点突变为丙氨酸，则 MAVS 的蛋白水平保持稳定（图 3.7H）。

### 3.5.3 WB 序列是 PCBP2 降解 MAVS 的必要元件

如前所示，PCBP2 分子上位于第 2、3 个 KH 结构域之间的 linker 区域是降解 MAVS 所必需的（图 3.8A）。这个区域包含三个保守的 WB 序列（WW domain-binding，WB），这种序列通常介导蛋白质之间的相互作用。通过突变实验发现，

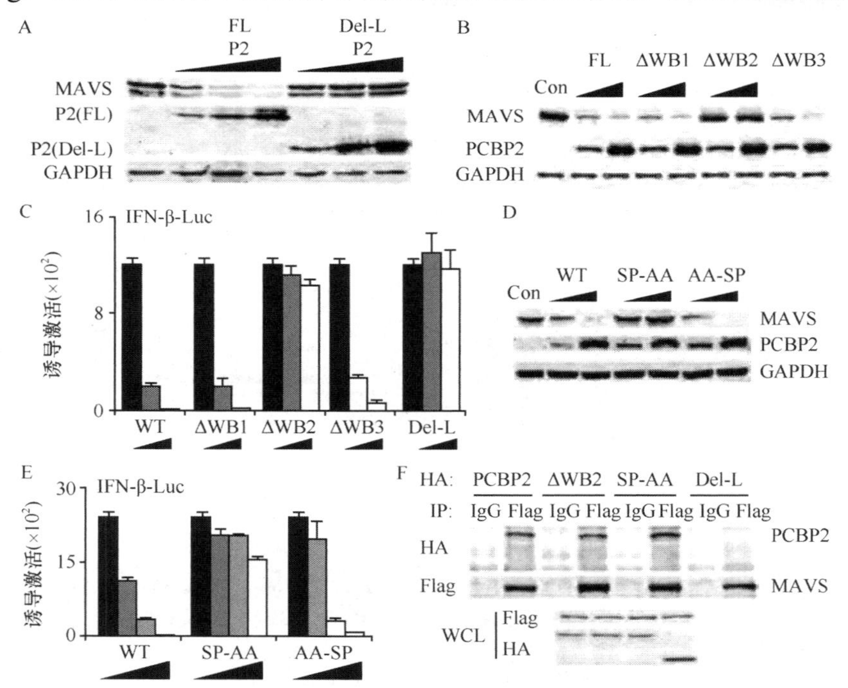


图 3.8 WB2 是 PCBP2 降解 MAVS 的必要元件（You et al.，2009）

A. 缺失 linker 区域的 PCBP2 不能降解 MAVS。B. 缺失 WB2 序列的 PCBP2 不能降解 MAVS。C. 缺失 WB2 的 PCBP2 不能抑制 MAVS 的抗病毒反应。D. PCBP2 的 WB2 序列中的 SP 位点是降解 MAVS 所必需的。E. PCBP2 的 SP 位点是其抑制 MAVS 抗病毒反应所必需的。F. 缺失 WB2 或者 SP 位点不影响 PCBP2 与 MAVS 的相互作用。

缺失第二个 WB 序列（ΔWB2）后，PCBP2 不能介导 MAVS 的降解（图 3.8B）。

与降解作用相一致的是 PCBP2 对 MAVS 抗病毒反应的抑制作用。缺失 WB2 序列的 PCBP2 不再抑制 MAVS 的功能（图 3.8C）。将 WB2 序列中介导蛋白质相互作用的关键位点 SP 序列突变后，PCBP2 也丧失了降解和抑制 MAVS 的功能，但并不影响 PCPB2 与 MAVS 之间的结合（图 3.8D～F）。这部分结果说明，PCBP2 分子上的 SP 位点是其降解 MAVS、抑制 MAVS 的抗病毒功能所必需的，但这个位点并不影响 PCBP2 与 MAVS 的相互作用。这提示 SP 位点很可能介导 PCBP2 与其他分子间的相互作用，从而影响到 MAVS 的功能调节（You et al.，2009）。

## 3.6　PCBP2 招募泛素 E3 连接酶 AIP4/Itch

### 3.6.1　AIP4 特异结合 PCBP2

HECT 结构域泛素 E3 连接酶是一类分子上具有 WW 序列的蛋白家族，可能与序列中包含 WB 结构域的 PCBP2 发生相互作用。HECT 结构域蛋白家族包括 NEDD4、AIP4（小鼠对应蛋白为 Itch）、WWP1/2、Smurf1/2 和 BUL1/2。通过免疫共沉淀实验发现只有 AIP4/Itch 能与 PCBP2 发生特异的相互作用（You et al.，2009）（图 3.9A）。

### 3.6.2　AIP4 介导 MAVS 依赖蛋白酶体途径的降解

与 AIP4 是唯一能够结合 PCBP2 的 HECT 蛋白这一发现相一致的结果是，AIP4 是唯一能够引起 MAVS 降解的 HECT 结构域泛素 E3 连接酶（图 3.9B）。AIP4 能够抑制 MAVS 及其上游受体 RIG-I 和 MDA5 介导的抗病毒反应（图 3.9C）。

### 3.6.3　PCBP2 通过招募 AIP4 介导 MAVS 的降解

PCBP2 的 WB2 序列介导了它与 AIP4 的相互作用（图 3.9D），而 AIP4 分子上的第 2、3 个 WW 序列是其与 PCBP2 结合所必需的（图 3.9E）。AIP4 分子中的第 830 位半胱氨酸是泛素 E3 连接酶的活性位点，这个位点的突变虽然不影响 AIP4 与 PCBP2 的结合，却丧失了降解和抑制 MAVS 的活性（图 3.9E，F）。

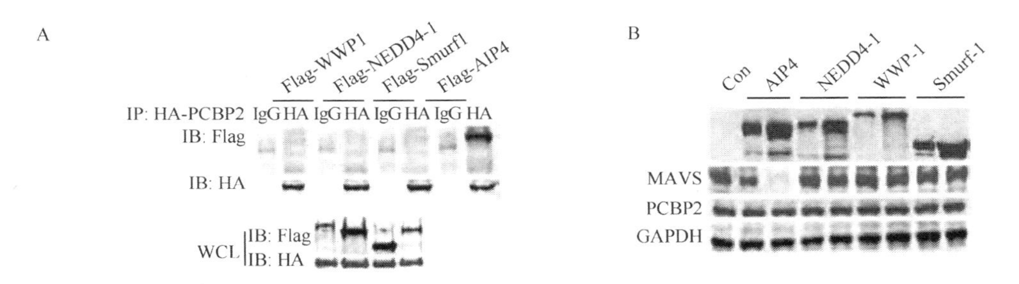

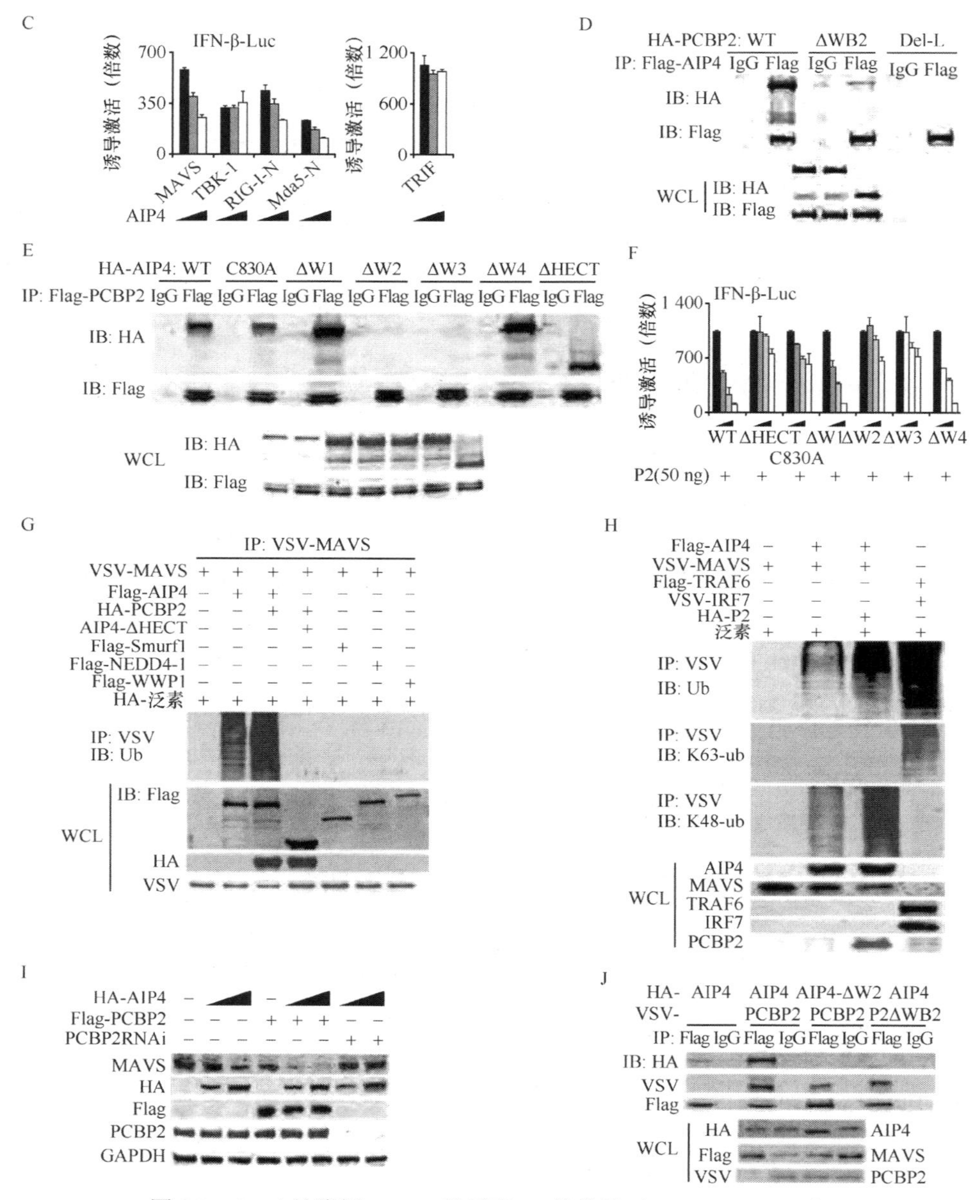

图 3.9　AIP4 是降解 MAVS 的泛素 E3 连接酶（You et al.，2009）

A. PCBP2 特异地与 HECT 结构域泛素 E3 连接酶中的 AIP4 发生相互作用。B. HECT 结构域泛素 E3 连接酶中，只有 AIP4 能引起 MAVS 的降解。C. AIP4 抑制 MAVS 及其上游分子的抗病毒反应。D. PCBP2 的 WB2 序列介导其与 AIP4 的结合。E. AIP4 的第 2、3 个 WW 序列介导其与 PCBP2 的相互作用。F. HECT 连接酶活性是 AIP4 降解 MAVS、抑制 MAVS 抗病毒功能所必需的。G. PCBP2 招募 HECT 结构域泛素 E3 连接酶 AIP4 使 MAVS 发生多泛素化。H. AIP4 能引起 MAVS 发生 K48 位泛素化。I. 沉默 PCBP2 破坏 AIP4 对 MAVS 的降解。J. 破坏 PCBP2 与 AIP4 的结合影响 AIP4 对 MAVS 的降解。

高表达 AIP4 会引起 MAVS 强烈的泛素化，这种泛素化作用在 PCBP2 存在时进一步增强（图 3.9G），表明 PCBP2 作为一个接头分子将泛素 E3 连接酶 AIP4 招募到 MAVS 的位置，介导 MAVS 的多泛素化和依赖蛋白酶体的降解。用泛素突变的质粒进行免疫共沉淀实验发现，AIP4 特异地介导 MAVS 发生 K48 位而不是 K63 位的多泛素化（图 3.9H），这与其后 MAVS 依赖蛋白酶体的降解过程相吻合。沉默内源的 PCBP2 之后，高表达的 AIP4 不再具有降解 MAVS 的能力（图 3.9I），说明 PCBP2 是连接 AIP4 与 MAVS 的一个不可或缺的接头分子。而破坏 AIP4 与 PCBP2 的相互作用之后，AIP4 也无法行使 E3 连接酶的作用，使 MAVS 进行依赖蛋白酶体途径的降解（图 3.9J）。这部分结果充分说明，PCBP2 通过招募泛素 E3 连接酶 AIP4 到 MAVS 所在的位置，由 AIP4 介导 MAVS 发生 K48 位多泛素化，随后泛素标记的 MAVS 经由蛋白酶体依赖的途径被降解（You et al.，2009）。

## 3.7　PCBP2 负反馈调节 MAVS

PCBP2 是一个在病毒感染后表达上调的蛋白质，这与许多负调节因子的表达模式相同。同时，内源的 PCBP2 在病毒感染后，会发生从细胞核到线粒体的转位，促进其与线粒体外膜蛋白 MAVS 的结合。这种高效和大量的结合会引起 MAVS 的降解，从而抑制 MAVS 介导的抗病毒天然免疫应答。因此，PCBP2 是 MAVS 的负反馈调节因子（You et al.，2009）。

PCBP2 对 MAVS 的调节作用在此后的一系列文献中也得到了反复的验证。

冠状病毒（Coronavirus，CoV）能诱发人产生严重急性呼吸道综合征（severe acute respiratory syndrome，SARS），是一种感染性极强、致死率很高的烈性病毒。来自美国国立卫生研究院的一项报道指出，SARS 病毒表达的 ORF-9b 蛋白定位于感染细胞的线粒体部位，“篡取”PCBP2-AIP4 系统引发线粒体抗病毒蛋白 MAVS 的降解，严重限制了胞内 I 型干扰素的产生（Shi et al.，2014）。

哺乳动物的多 tRNA 合成酶复合物（multi-tRNA synthetase complex，MSC）成员——谷氨酰–脯氨酰 tRNA 合成酶（glutamyl-prolyl-tRNA synthetase，EPRS）除了合成 RNA 之外，也拥有抗病毒感染的能力。病毒感染会导致该蛋白质第 990 位丝氨酸发生磷酸化，磷酸化的蛋白质从合成酶复合物上解离下来，并与 PCBP2 发生相互作用，阻断 PCBP2 引起的 MAVS 的泛素化和降解，从而抑制胞内病毒的复制（Lee et al.，2016）。

丙型肝炎病毒（Hepatitis C virus，HCV）感染诱导上调一个叫做核苷酸结合寡聚结构域样受体 X1[nucleotide binding oligomerization domain(NOD)-like receptor X1，NLRX1]的蛋白质。这个蛋白质与 PCBP2 相互作用能引起 MAVS 的泛素化降解，从而抑制 HCV 感染引发的天然免疫反应（Qin et al.，2017）。

具有广泛感染性的 H5N1 流感病毒基因组编码一个名为 miR-HA-3p 的小 RNA，这个小 RNA 能靶向抑制 PCBP2 的表达，从而提高病毒感染后宿主天然免疫细胞因子的产量，导致“细胞因子风暴”，引起被感染患者的死亡（Li et al.，2018）。

## 小 结

本章所述的研究内容鉴定了 PCBP2 作为 MAVS 的相互作用蛋白，在调节 MAVS 介导的抗病毒天然免疫反应中发挥重要的作用，揭示了天然免疫抗病毒蛋白 MAVS 的一个全新的调节机制：位于细胞核的 PCBP2 在病毒感染细胞后发生从细胞核到线粒体的转位，与线粒体外膜蛋白 MAVS 发生相互作用。PCBP2 通过分子上的 WB 序列招募一个 HECT 结构域泛素 E3 连接酶 AIP4 到 MAVS 的位置。AIP4 引起 MAVS 发生 K48 位的泛素化，泛素化的 MAVS 进而发生依赖蛋白酶体途径的降解。这一过程能够终止 MAVS 介导的抗病毒免疫反应，避免持续活化的天然免疫反应对机体造成不必要的损伤。

# 第 4 章　PCBP1 组成型调节 MAVS

PCBP2 对线粒体抗病毒蛋白 MAVS 的调节作用的揭示有助于深入理解天然免疫抗病毒反应机制的复杂性和精密性。PCBP2 作为一个高度保守的核酸结合蛋白家族成员，它的功能不仅局限于 RNA 相关的功能调节，还进一步拓展到通过蛋白质-蛋白质相互作用，在抗病毒天然免疫反应中发挥关键的作用。本章重点阐述 PCBP 蛋白家族中，一个序列和结构均与 PCBP2 高度相似的分子 PCBP1，在 MAVS 信号通路激活和调节过程中发挥的功能。

为了寻找 MAVS 的相互作用蛋白，以全长 MAVS 为钓饵（bait），用人胚肾 293 cDNA 文库进行酵母双杂交（yeast two-hybrid）筛选，获得了如下的猎物蛋白（prey）（表 4.1）。

**表 4.1　部分 MAVS 猎物蛋白**

| 编号 | 测序长度/bp | BLAST 比对结果 | GenBank 号 |
|---|---|---|---|
| 1 | 1067 | Poly(C)结合蛋白 2（PCBP2） | NM_005016 |
| 2 | — | 淋巴细胞抗原 96（LY96） | NM_015364 |
| 3 | — | Polo 样激酶 3（PLK3） | NM_004073 |
| 4 | 1232 | Poly(C)结合蛋白 1（PCBP1） | NM_006196 |
| 5 | 1224 | 肿瘤坏死因子受体相关因子 3（TRAF3） | NM_003300 |
| 6 | 880 | WD 重复结构域蛋白 1（WDR1） | NM_005112 |
| 7 | 592 | 锌指和 BTB 结构域蛋白 11（ZBTB11） | NM_014415 |

报道显示，TRAF3 能结合 MAVS，介导 I 型干扰素的分泌（Paz et al.，2011），因此该猎物蛋白可作为阳性对照，反映双杂交结果的可信度。第 3 章已详细阐述，游富平等研究证明了 PCBP2 招募泛素 E3 连接酶 AIP4/Itch 降解 MAVS 的分子机制（You et al.，2009）。

从表 4.1 中可以发现，PCBP1 也是 MAVS 的猎物蛋白之一。PCBP1 和 PCBP2 同属多聚胞嘧啶结合蛋白家族（Kiledjian et al.，1995；Leffers et al.，1995），并且是 PCBP2 的旁系同源分子（Makeyev et al.，1999）。它们的序列相似性极高（Makeyev and Liebhaber，2002），作用相似（Waggoner et al.，2009），但 PCBP1 是否参与 MAVS 信号通路等问题还未曾见到相关报道。

## 4.1 PCBP1 与 MAVS 的 C 端结合

在 293 细胞中检测了过量表达的 PCBP1 能否同 MAVS 结合，并选取 TLR3 和 TRIF 作为对照，这是因为 TLR3 和 RIG-I 样受体在不同的部位识别病毒 dsRNA 或合成类似物 poly（I:C）：TLR3 识别胞内体或胞外的配体，通过接头分子 TRIF 进行信号转导；而 RIG-I 样受体识别胞质中的 dsRNA 并以 MAVS 作为接头蛋白。虽然识别的配体相同，但 TLR3-TRIF 与 RLR-MAVS 处在不同的亚细胞部位，彼此相对独立地进行信号转导（Kawai and Akira，2008）。

HA-PCBP1 能结合 MAVS 与其上游 RIG-I 样受体及另一个结合 MAVS 的接头分子 STING/ERIS（图 4.1B），而完全不结合 TLR3 或 TRIF（图 4.1A）。这初步排除了 PCBP1 参与 TLR3 信号通路的可能。接着用截短突变体来研究 MAVS 的哪一部分负责与 PCBP1 结合。结果表明，MAVS 含有跨膜结构域 TM 的 C 端片段 360～540 具有结合 PCBP1 的能力；而一旦缺少跨膜区，即使保留其余所有序列，都将使 MAVS 丧失结合 PCBP1 的能力（图 4.1C）。这表明 MAVS 包含跨膜区的 C 端是结合 PCBP1 所必需的，这个结果与 PCBP2 报道的内容相符（You et al.，2009）。在此基础上进一步证明，MAVS 的线粒体定位而非跨膜结构域序列本身才是 PCBP 结合的必要条件。因为将 MAVS 的跨膜区改为另一个线粒体定位的蛋白 Bcl-xL

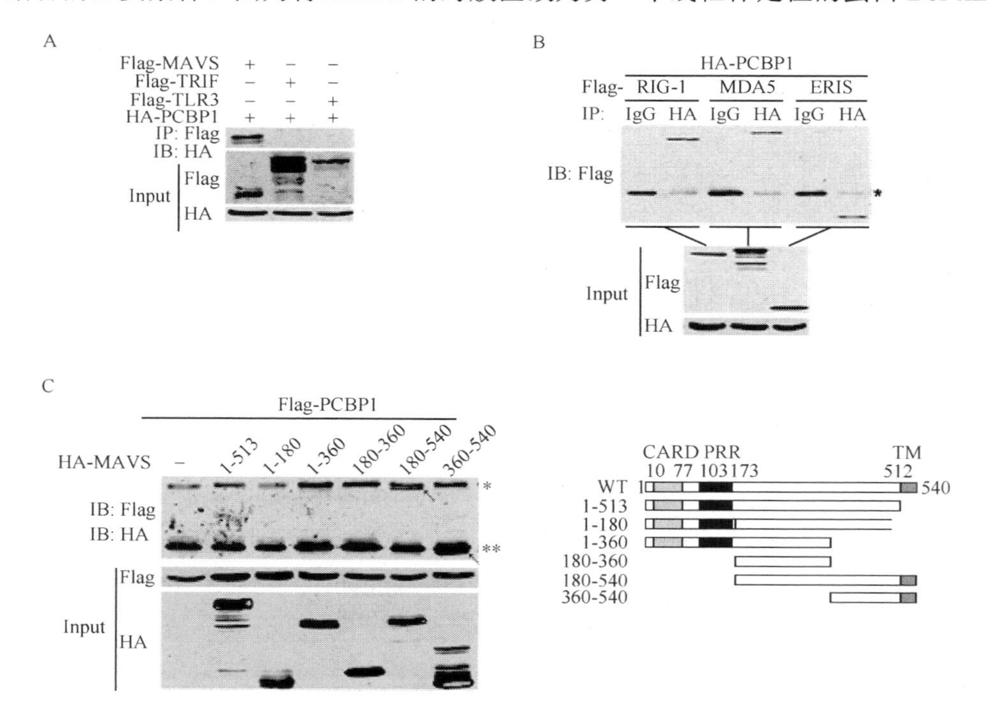

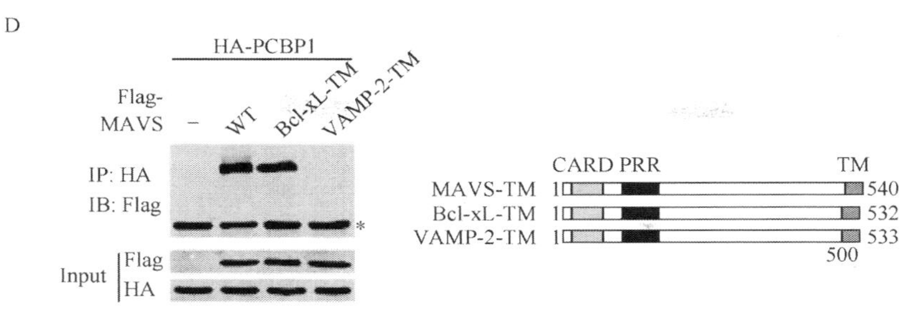

图 4.1　PCBP1 结合 MAVS 的 C 端（Zhou et al.，2012）

A. PCBP1 特异结合 MAVS，而非 TLR3 或 TRIF。B. PCBP1 特异结合 RIG-I、MDA5 和 ERIS。C. PCBP1 与 MAVS 的 C 端结合。右侧为 MAVS 缺失突变体结构示意图，数字代表氨基酸位数。D. PCBP1 结合需要 MAVS 的线粒体定位。右侧为 MAVS 跨膜结构域分别被 Bcl-xL 或 VAMP-2 的跨膜结构域所替代的突变体结构示意图。293 细胞（$5\times10^6$）接种于 10cm 培养皿中，18h 后用图示表达质粒各 10μg 转染细胞（使用空载体补齐，保证每个样品 DNA 总量一致，下同）。转染后 24h 收集并裂解细胞，用图示抗体进行免疫共沉淀（IP，下同）和蛋白质免疫印迹分析（IB，下同）。全裂解液（Input）用于鉴定质粒表达，下同。CARD，胱天蛋白酶募集域；PRR，富含脯氨酸区域；TM，跨膜结构域；IgG，小鼠抗体对照；*表示小鼠 IgG 重链位置；**表示小鼠 IgG 轻链位置；箭头指示结合的 MAVS 片段。

的跨膜区时，仍具有结合 PCBP1 的能力；相反，将 MAVS 的跨膜区换为内质网定位蛋白 VAMP-2 的跨膜区后，丧失与 PCBP1 的相互作用（图 4.1D）。

## 4.2　PCBP1 抑制 MAVS 介导的抗病毒效应

### 4.2.1　PCBP1 抑制 MAVS 的抗病毒效应

通过萤光素酶报告基因实验发现，在 293 细胞中过量表达 PCBP1 能显著抑制由仙台病毒感染或 poly（I:C）转染所引起的 IFN-β、ISRE 或 NF-κB 报告基因的激活，并且这种抑制具有剂量依赖效应（图 4.2A）。

同时用 TLR3 识别 poly（I:C）引起 IFN-β 激活（Vercammen et al.，2008）作为对照，却并未见到 PCBP1 对其产生任何影响（图 4.2B，右）；相比之下，转染 poly（I:C）引起的 IFN-β 激活被 PCBP1 强烈地抑制（图 4.2B，左）。这与免疫共沉淀的结果（图 4.1A）互相印证，表明 PCBP1 特异地作用于胞质 dsRNA，而非胞内体或胞外 dsRNA 激活 I 型干扰素的信号通路。

SeV 或 dsRNA 能促使细胞分泌 I 型干扰素（Takeda and Akira，2004）。过量表达 PCBP1 能显著降低病毒感染后细胞分泌至培养上清的 I 型干扰素含量（图 4.2C）。

I 型干扰素诱导过程的一个关键步骤为转录因子 IRF3 的活化。当胞质中病毒活化的激酶（VAK）磷酸化 IRF3 的保守丝氨酸位点后，IRF3 发生同源二聚化，随后入核行使转录因子功能（Yoneyama et al.，2002）。使用非变性 PAGE 电泳，发现 293 细胞受到 poly（I:C）转染、SeV 或新城疫病毒（Newcastle disease virus，

NDV）感染时 IRF3 会显著二聚，而过量表达 PCBP1 能够抑制甚至消除二聚化现象（图 4.2D）。换言之，PCBP1 抑制了病毒刺激引起的 IRF3 活化作用。

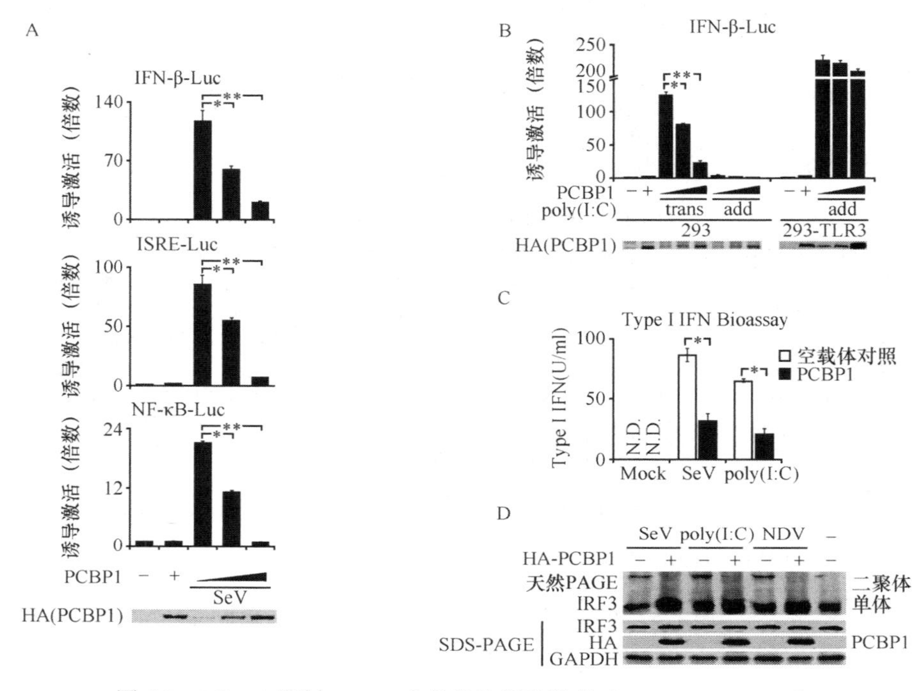


图 4.2　PCBP1 抑制 MAVS 介导的抗病毒效应（Zhou et al.，2012）

A. PCBP1 剂量依赖性降低 SeV 感染引起的 IFN-β、ISRE 和 NF-κB 激活。293 细胞（$0.5\times10^5$）接种于 24 孔板，20h 后用 HA-PCBP1（左起依次为 0、200、10ng、100ng、200ng）转染细胞（使用空载体补齐保证每个样品 DNA 总量一致，下同）；左起三图分别共转 50ng 的 IFN-β、ISRE 或 NF-κB 萤火虫萤光素酶报告基因质粒（下同）及 50ng 的 pRL-SV40-*Renilla* 报告基因质粒（下同）。转染 20h 后如图对划横线样品进行 SeV（m.o.i.，1，下同）感染。感染后 20h 进行萤光素酶活性测定。等量的细胞裂解液同时进行蛋白质免疫印迹分析。B. PCBP1 剂量依赖性降低 poly（I:C）转染引起的 IFN-β 激活，但不影响培养上清加入 poly（I:C）引起的 IFN-β 激活。293 细胞同（A）接种并转染细胞 20h 后如图进行 poly（I:C）（1μg/ml，如无特别声明则下同）转染并继续培养 20h；293-TLR3 细胞同上接种转染后，如图在培养上清加入 poly（I:C）（5μg/ml）并继续培养 6h。然后同（A）进行萤光素酶活性测定。C. PCBP1 降低 SeV 或 poly（I:C）引起细胞分泌的 I 型干扰素。293 细胞（$0.5\times10^5$）接种于 24 孔板，20h 后用 HA-PCBP1（黑柱）或空载体（白柱）转染细胞。转染 20h 后如图进行 SeV 感染或 poly（I:C）转染。处理后 18h 收集培养上清液用于 Bioassay 检测 I 型干扰素产量。D. PCBP1 抑制病毒感染或 poly（I:C）转染诱导的 IRF3 二聚化。293 细胞（$0.5\times10^6$）接种于 6 孔板，20h 后用 HA-PCBP1（3μg）转染细胞。转染后 20h 如图分别用 SeV 或 NDV（m.o.i.，5，下同）感染细胞，或 poly（I:C）转染细胞。处理后 12h 收集并裂解细胞，进行非变性聚丙烯酰胺凝胶电泳和蛋白质免疫印迹分析，使用兔抗 IRF3 多克隆抗体检测内源 IRF3，GAPDH 用作上样量内参对照，下同。Monomer 和 Dimer 分别代表以单体或二聚体形式存在的 IRF3，下同。

利用 I 型干扰素信号通路的一个显著特点——过量表达通路中的信号分子能不同程度地激活报告基因，发现共表达 PCBP1 以后，RIG-IN（aa1～284）、MDA5N（aa1～206）和 MAVS 引起的报告基因激活受到强烈的抑制，但 TBK1、IRF3 或 TRIF 不受影响（图 4.3A）。

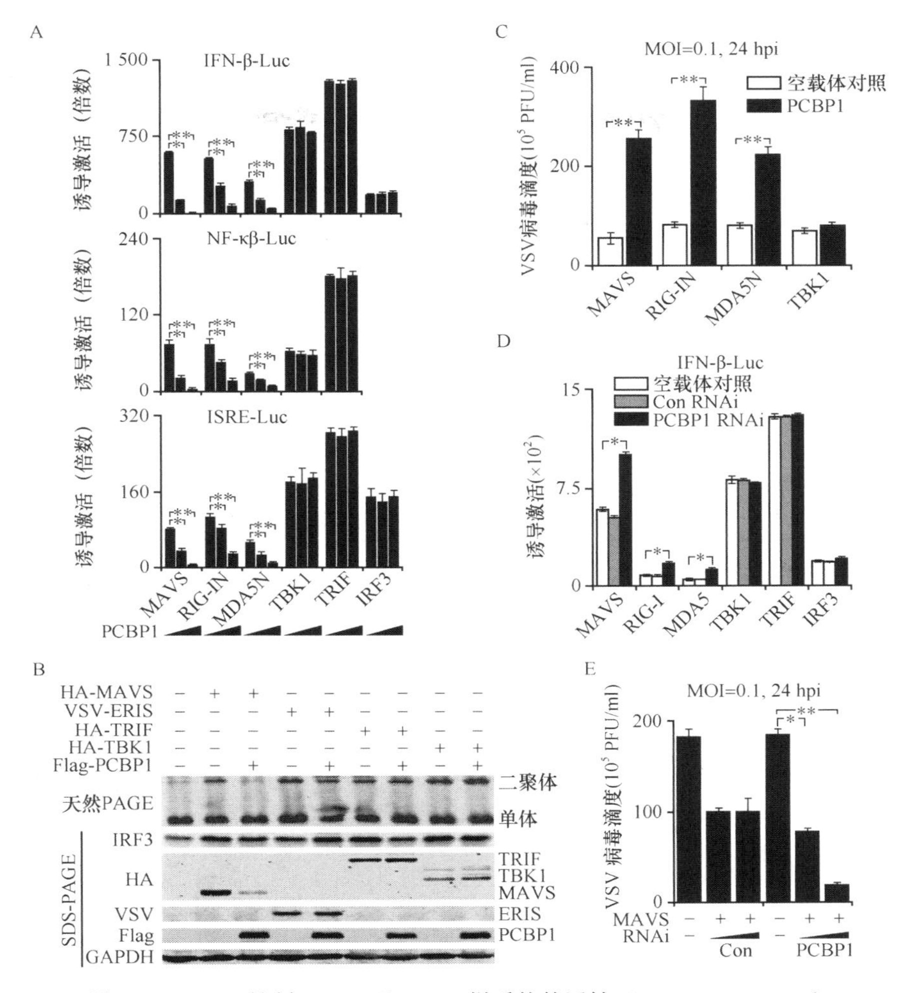


图4.3　PCBP1抑制MAVS及RIG-I样受体的活性（Zhou et al.，2012）

A. PCBP1剂量依赖性抑制MAVS、RIG-IN和MDA5N引起的IFN-β、NF-κB和ISRE激活，但不影响TBK1、IRF3或TRIF。293细胞（$0.5\times10^5$）接种于24孔板，20h后用HA-PCBP1（三角劈左起依次为0、50ng、100ng）分别同图示各表达质粒（50ng）转染细胞；上起三图中分别共转50ng的IFN-β、NF-κB或ISRE以及50ng的pRL-SV40-*Renilla*。转染20h后进行萤光素酶活性测定。B. PCBP1特异性抑制MAVS引起的IRF3二聚化。293细胞（$0.5\times10^6$）接种于6孔板，20h后用Flag-PCBP1（3μg）与图示的表达质粒（3μg）转染细胞。转染后20h收集并裂解细胞，进行非变性聚丙烯酰胺凝胶电泳和蛋白质免疫印迹分析。C. PCBP1抑制由MAVS、RIG-IN及MDA5N造成的抗病毒效应，但不影响TBK1。293细胞（$0.5\times10^5$）接种于24孔板中，20h后用HA-PCBP1（100ng）与图示各表达质粒(100ng)转染细胞。转染24h后进行VSV空斑实验。纵坐标代表VSV的滴度，单位为空斑形成单位(PFU/ml)，下同。D. 沉默PCBP1特异地增强MAVS、RIG-I和MDA5引起的IFN-β激活。293细胞（$0.5\times10^5$）接种于24孔板，20h后用PCBP1 RNAi质粒（200ng）转染细胞；分别共转图示各表达质粒（50ng），同时共转50ng的IFN-β及50ng的pRL-SV40-*Renilla*。转染48h后进行萤光素酶活性测定。E. 沉默PCBP1增强MAVS对VSV复制的抑制。293细胞（$0.5\times10^5$）接种于24孔板中，20h后如图用PCBP1 RNAi质粒（0、100ng、200ng）及MAVS表达质粒（100ng）转染细胞。转染48h后进行VSV空斑实验。

在水疱性口炎病毒（Vesicular stomatitis virus，VSV）感染细胞成斑的实验中，过量表达 RIG-IN（aa 1～284）、MDA5N（aa 1～206）、MAVS 或 TBK1 均能明显降低病毒噬斑数。引入 PCBP1 能明显回复前三种情况下病毒的侵染力，唯独 TBK1 不受影响（图 4.3C）。此外，PCBP1 也并不影响 TLR3 信号通路分子 TRIF 对报告基因的激活（图 4.3A）和诱导 IRF3 二聚的能力（图 4.3B）。这些结果说明，过量表达 PCBP1 特异性地抑制 MAVS 或 MAVS 上游 RIG-I 样受体介导的 I 型干扰素产生，而对 MAVS 下游分子或 TLR3-TRIF 通路没有影响。

### 4.2.2 沉默 PCBP1 增强 MAVS 的抗病毒效应

为了研究 PCBP1 的生理功能，根据报道（Waggoner et al.，2009）构建了能特异沉默 PCBP1 的 RNAi 质粒，并在 293 细胞中鉴定了沉默效果（图 4.4A）。可

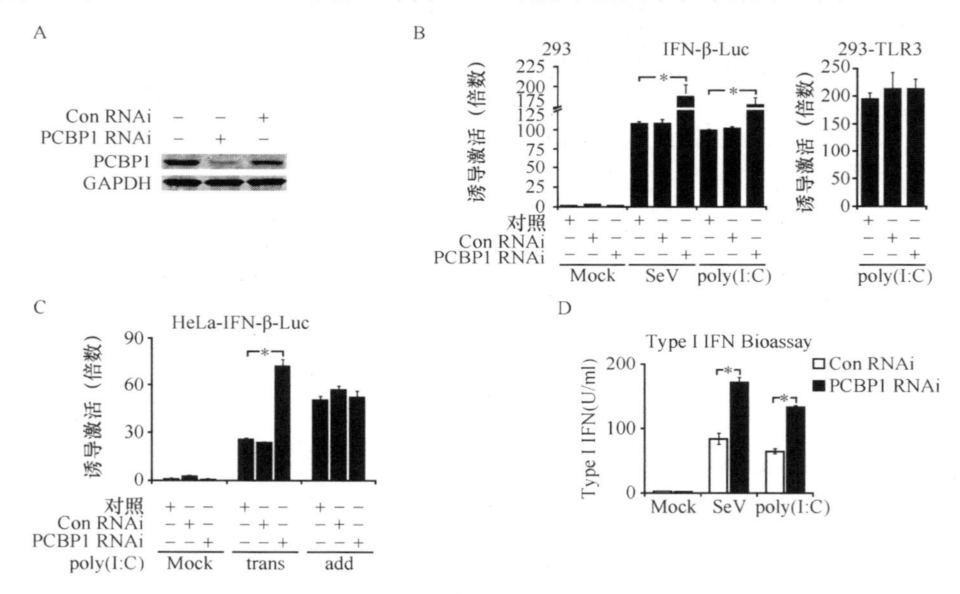


图 4.4 沉默 PCBP1 增强 MAVS 的抗病毒效应（Zhou et al.，2012）

A. 内源 PCBP1 的沉默效果。293 细胞（$0.5\times10^6$）接种于 6 孔板，20h 后用 PCBP1 RNAi 质粒（3μg）或对照 RNAi 质粒转染细胞。转染后 48h 收集并裂解细胞，使用小鼠抗 PCBP1 血清进行蛋白质免疫印迹分析。B. 沉默 PCBP1 增强 SeV 感染和 poly（I:C）转染引起的 IFN-β 激活。293 细胞（$0.5\times10^5$）接种于 24 孔板，18h 后用 PCBP1 RNAi 质粒（200ng）转染细胞；共转 50ng 的 IFN-β 及 50ng 的 pRL-SV40-*Renilla*。转染 48h 后如图进行 SeV 感染或 poly（I:C）转染 18h；293-TLR3 细胞同上接种转染后，在培养上清加入 poly（I:C）（5μg/ml）并继续培养 6h，然后进行萤光素酶活性测定。C. 沉默 PCBP1 增强 SeV 感染或 poly（I:C）转染 HeLa 细胞引起的 IFN-β 激活。HeLa 细胞（$2.5\times10^4$）接种于 24 孔板，20h 后用 PCBP1 RNAi 质粒（500ng）与 100ng 的 IFN-β 及 100ng 的 pRL-SV40-*Renilla* 转染细胞。转染后 48h 如图分别用 SeV 感染细胞或 poly（I:C）分别转染或直接加入培养基处理细胞。20h 后进行萤光素酶活性测定。D. 沉默 PCBP1 增加 SeV 或 poly（I:C）引起细胞分泌的 I 型干扰素。293 细胞（$0.5\times10^5$）接种于 24 孔板，20h 后用 PCBP1 RNAi 质粒（黑柱）或对照质粒（白柱）转染细胞。转染 48h 后如图进行 SeV 感染或 poly（I:C）转染。处理后 18h 收集培养上清液用于 Bioassay 检测 I 型干扰素产量。

以看出 SeV 感染或 poly（I:C）转染后，沉默 PCBP1 的细胞比普通细胞具有更高的 IFN-β 激活倍数，而 293-TLR3 细胞加入 poly（I:C）处理后引起的激活并无明显改变（图 4.4B）。同样的结果也能在 HeLa 细胞中观察到（图 4.4C）。

与 PCBP1 调节功能的特异性一致，沉默 PCBP1 的 293 细胞受刺激分泌的 I 型干扰素含量也相应升高（图 4.4D）。沉默 PCBP1 对 MAVS 信号通路成员激活报告基因或抑制 VSV 复制成斑具有类似的功效：MAVS、RIG-I 和 MDA5 对报告基因的激活能力得以增加，抑制病毒复制的功效也更显著；相比之下，TBK1、IRF3 或 TRIF 完全不受 PCBP1 含量变化的影响（图 4.3D，E）。

综合过量表达和表达沉默的数据，可以看出 PCBP1 特异地抑制 MAVS 及其上游 RLR 的作用，而对下游的激酶 TBK1、转录因子 IRF3 或其他通路分子 TRIF 并无影响。

## 4.3　PCBP1 招募 AIP4 降解 MAVS

考虑到 PCBP 分子序列的同源性，推测 PCBP1 可能也具有降解 MAVS 的能力。果然，过量表达的 PCBP1 能剂量依赖地降低 MAVS 的蛋白量，而不影响其 mRNA 水平（图 4.5A）。当加入不同的蛋白质降解抑制剂时，只有泛素-蛋白酶体途径的抑制剂使 MAVS 保持稳定，而溶酶体途径的抑制剂并不影响 MAVS 的降解。这一结果初步表明 PCBP1 能导致 MAVS 依赖泛素-蛋白酶体途径的降解。

通过泛素-蛋白酶体途径降解的靶蛋白通常会共价结合多泛素链——这是蛋白酶体识别的结构基础（Kwon and Ciechanover，2017）。为了验证 PCBP1 能导致 MAVS 被泛素化，在 PCBP1 和 MAVS 的基础上分别共表达野生型泛素（Ub）或突变其所有赖氨酸（Lysine，K），但仅保留第 48 或 63 位的突变体泛素[Ub(K48) 或 Ub(K63)]。与报道一致，在 TRAF6 的作用下（Kawai et al.，2004），Ub 及 Ub(K63) 能共价结合 IRF7，而 Ub(K48)不能（图 4.6A，右），表明泛素质粒无误；很明显，Ub 和 Ub(K48)，而非 Ub(K63)能共价结合 MAVS（图 4.6A，左），表明 PCBP1 能引起 MAVS 的 K48 位泛素化，这与前面得到的 MAVS 通过泛素–蛋白酶体途径降解的结果吻合。

与 PCBP2 招募 AIP4/Itch 一致（You et al.，2009），PCBP1 能特异地与 HECT 结构域泛素 E3 连接酶 AIP4 而非 Smurf1 结合（图 4.6B）；同时 PCBP1 能增强 AIP4 与 MAVS 之间本来极弱的相互作用，但突变或去掉 PCBP1 保守的 WB 基序则丧失招募 AIP4 至 MAVS 的能力（图 4.5C）。将 AIP4 引入 PCBP1 和 MAVS 共表达体系能明显增进 PCBP1 引起的 MAVS 降解效应，这依赖于 AIP4 的泛素连接酶活性（图 4.5C）。如果用蛋白酶体抑制剂 MG-132 阻断泛素化降解，能观察到 AIP4

显著增加 MAVS 的泛素化程度（图 4.5C）。

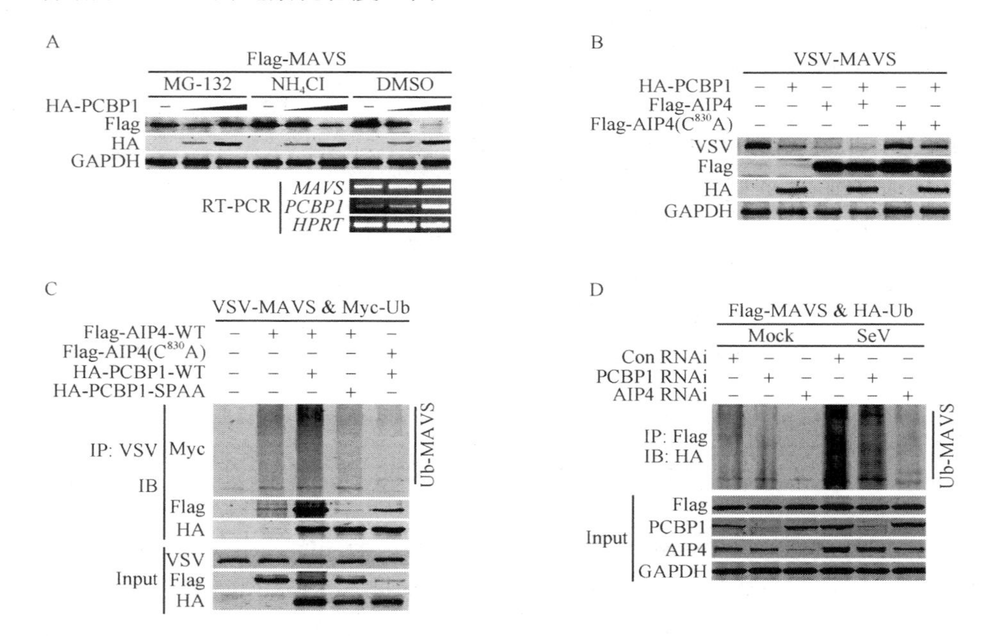


图 4.5　PCBP1 泛素化降解 MAVS（Zhou et al.，2012）

A. PCBP1 不影响 MAVS 的 mRNA 水平，但剂量依赖性地降解 MAVS 蛋白；蛋白酶体抑制剂 MG-132 而非溶酶体抑制剂 $NH_4Cl$ 可回复降解。293 细胞（$0.5\times10^6$）接种于 6 孔板，20h 后用 HA-PCBP1（0、0.5μg、2μg）和 2μg 的 Flag-MAVS 转染细胞。转染后 12h 如图用 MG-132（20 μmol/L，下同）或 $NH_4Cl$（20 μmol/L，下同）处理细胞或对照处理（DMSO，下同）。处理后 12h 收集并裂解细胞进行蛋白质免疫印迹分析。收集部分对照处理的样品进行 RT-PCR 实验。B. AIP4 促进 PCBP1 引起的 MAVS 降解需要其连接酶活性。293 细胞（$0.5\times10^6$）接种于 6 孔板，18h 后如图所示用 3μg 的 VSV-MAVS、2μg 的 HA-PCBP1 及 Flag-AIP4 或 AIP4（$C^{830}A$）（0、0.5μg、2μg）转染细胞。转染后 24h 收集并裂解细胞进行蛋白质免疫印迹分析。C. PCBP1 增强 AIP4 与 MAVS 的相互作用依赖其 WB 基序。293 细胞（$5\times10^6$）接种于 10cm 培养皿中，18h 后用如图所示表达质粒各 10μg 转染细胞。转染后 12h 加入 MG-132，继续培养 12h 后收集并裂解细胞，用图示抗体进行 IP 和 IB。D. 沉默 PCBP1 或 AIP4 减弱 SeV 引起的 MAVS 泛素化。293 细胞（$5\times10^6$）接种于 10cm 培养皿中，18h 后用 Flag-MAVS 和 HA-Ub 各 10μg 及 PCBP1 或 AIP4 RNAi 质粒（20μg）转染细胞。转染后 12h 如图用 SeV 感染细胞。感染后 12h 收集并裂解细胞，用 Flag 抗体进行 IP，用 HA 抗体进行 IB。结合泛素的 MAVS 表现出弥散的带状印迹。

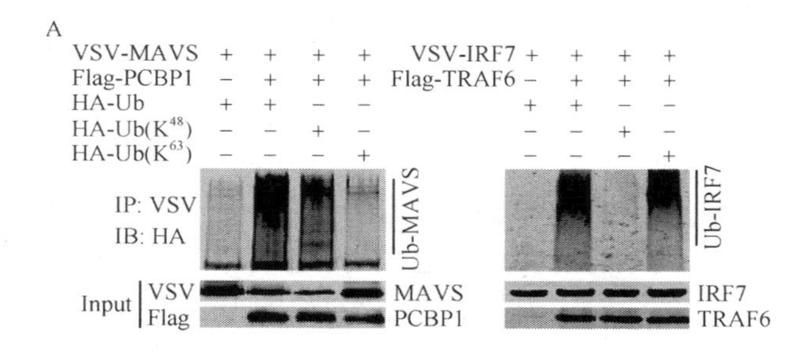

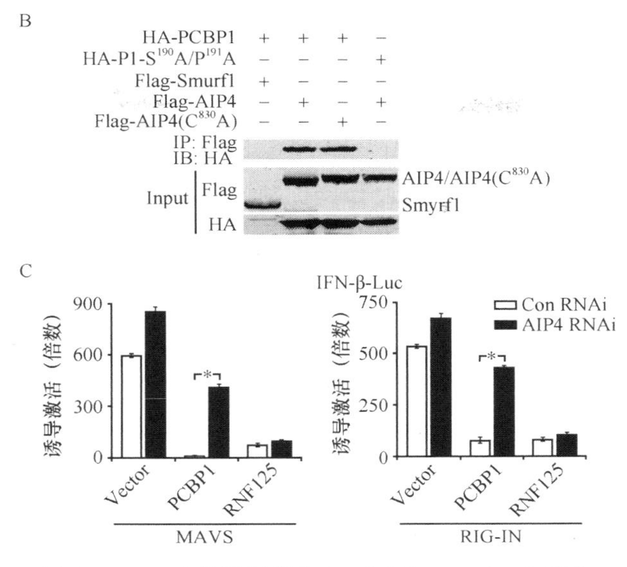


图 4.6　MAVS 的降解依赖 AIP4（Zhou et al.，2012）

A. PCBP1 介导 MAVS 的 K48 位泛素化。293 细胞（5×10$^6$）接种于 10cm 培养皿中，18h 后如图用 VSV-MAVS、Flag-PCBP1（左）或 VSV-IRF7、Flag-TRAF6（右）及 HA-Ub 野生型或突变体表达质粒各 10μg 转染细胞。转染后 24h 收集并裂解细胞，用 VSV 抗体进行 IP，用 HA 抗体进行 IB。结合泛素的 MAVS 或 IRF7 表现出弥散的带状印迹。B. PCBP1 特异结合 AIP4 或其点突变体，而不结合 Smurf1。293 细胞（5×10$^6$）接种于 10cm 培养皿中，18h 后用如图所示表达质粒各 10μg 转染细胞。转染后 24h 收集并裂解细胞如图进行 IP 和 IB。C. 沉默 AIP4 特异性削弱 PCBP1 对 MAVS 的抑制作用。293 细胞（0.5×10$^5$）接种于 24 孔板，18h 后用 AIP4 RNAi 质粒（200ng）和如图所示表达质粒（各 100ng）转染细胞；共转 50ng 的 IFN-β 及 50ng 的 pRL-SV40-*Renilla*。转染 48h 后进行萤光素酶活性测定。

PCBP1 能招募泛素 E3 连接酶 AIP4 介导 MAVS 的 K48 位泛素化，这正是 PCBP1 引起 MAVS 蛋白量显著减少的原因。为了验证生理状态下 PCBP1 确实介导了 MAVS 的泛素化降解过程，用 RNAi 沉默 PCBP1 或 AIP4 的表达，导致 SeV 感染后 MAVS 的降解效应减弱（图 4.5D）。这说明生理条件下 PCBP1 确实参与调节 MAVS 泛素化降解的过程。

## 4.4　PCBP1 和 PCBP2 协同抑制 MAVS

对比报道（You et al.，2009）结果发现，PCBP1 和 PCBP2 在调节 MAVS 的机制方面具有高度相似性。那么它们之间究竟以协作还是竞争的方式行使这类功能呢？为了解决这个疑问，分别表达或共表达 PCBP1 和 PCBP2，以观察其作用效果。结果一致显示，PCBP1 和 PCBP2 表现出强烈的协同效应。分别表达二者之一可以导致 MAVS 的含量明显降低但不彻底，而共表达 PCBP1 和 PCBP2

的样品中 MAVS 几乎完全检测不到（图 4.7A，下）。这种表达量的趋势也反映在报告基因激活水平上（图 4.7A，上）。相应的，过量表达 MAVS 引起细胞释放至培养液中的 I 型干扰素含量也类似地被降低，相比之下，TRIF 完全不受影响（图 4.7B）。

PCBP1 和 PCBP2 能在共表达时协同抑制抗病毒效应（图 4.7C）。这些结果表明，PCBP1 和 PCBP2 并非竞争或拮抗，而是协同行使降解 MAVS 的功能（Zhou et al.，2012）。

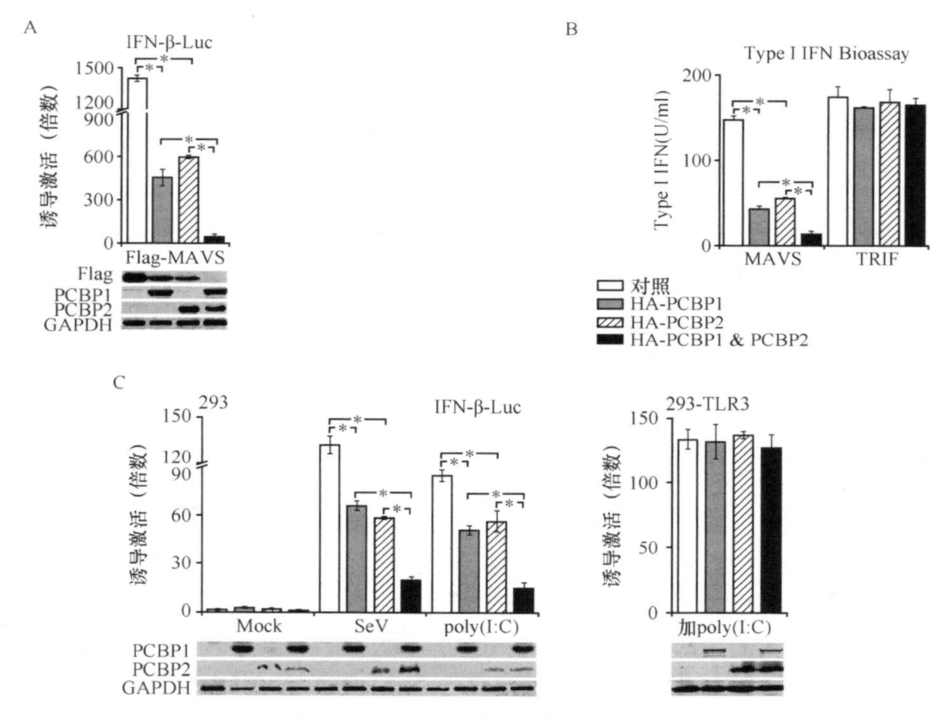


图 4.7　PCBP1 和 PCBP2 协同调节 MAVS（Zhou et al.，2012）

A. PCBP1 和 PCBP2 协同抑制 MAVS 引起的 IFN-β 激活，并协同降解 MAVS。293 细胞（$0.5\times10^5$）接种于 24 孔板，20h 后分别或同时用 HA-PCBP1 和 HA-PCBP2（各 100ng）与 Flag-MAVS（200ng）转染细胞；同时共转 50ng 的 IFN-β 及 50ng 的 pRL-SV40-*Renilla*。转染 24h 后进行萤光素酶活性测定。等量的细胞裂解液同时进行蛋白质免疫印迹分析。B. PCBP1 和 PCBP2 协同减少 MAVS，而非 TRIF 引起细胞分泌的 I 型干扰素。293 细胞（$0.5\times10^5$）接种于 24 孔板，20h 后分别或同时用 HA-PCBP1 和 HA-PCBP2（各 100ng），分别与 Flag-MAVS 或 Flag-TRIF（各 100ng）转染细胞。转染 24h 后收集培养上清液用于 Bioassay 检测 I 型干扰素产量。C. PCBP1 和 PCBP2 协同抑制 SeV 感染或 poly（I:C）转染引起的 IFN-β 激活；poly（I:C）处理 293-TLR3 细胞引起的 IFN-β 激活不受影响。293 细胞（$0.5\times10^5$）接种于 24 孔板，20h 后分别或同时用 HA-PCBP1 和 HA-PCBP2（各 100ng）转染细胞；同时共转 50ng 的 IFN-β 及 50ng 的 pRL-SV40-*Renilla*。转染 12h 后分别进行 SeV 感染或 poly（I:C）转染 18h；293-TLR3 细胞类似接种转染后，向培养上清加入 poly（I:C）（5μg/ml）并继续培养 6h，然后进行萤光素酶活性测定。

## 4.5　PCBP1 寡聚化调节 MAVS 的功能

在研究 PCBP1 与 AIP4 的相互作用时发现，与 PCBP2 相比，免疫共沉淀后 PCBP1 样品在高分子质量区有明显的多条印迹（图 4.8A）。这种高分子质量印迹在不同细胞受病毒感染或 poly（I:C）转染后也非常明显（图 4.8B）。电泳上样缓

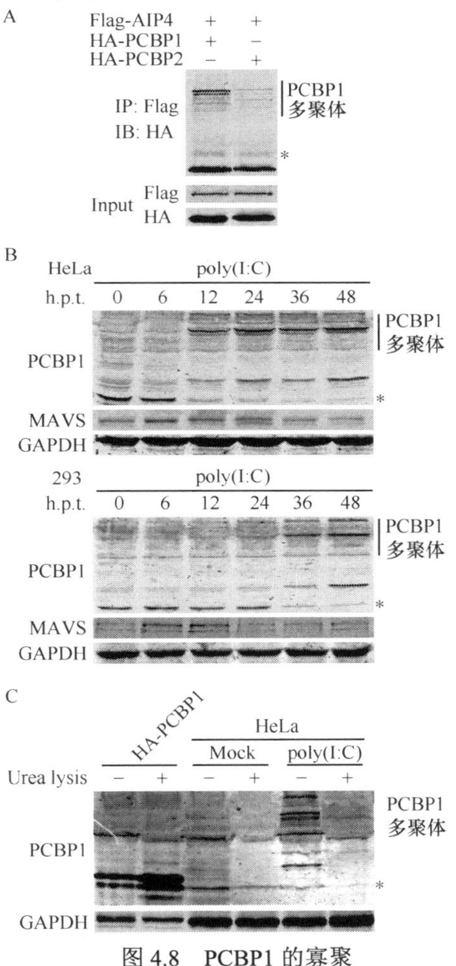


图 4.8　PCBP1 的寡聚

A. 过量表达的 PCBP1 寡聚。293 细胞（$5\times10^6$）接种于 10cm 培养皿中，18h 后用 Flag-AIP4 和 HA-PCBP1 或 HA-PCBP2 各 10μg 转染细胞。转染后 24h 收集并裂解细胞，用 Flag 抗体进行 IP，用 HA 抗体进行 IB。B. poly（I:C）转染刺激内源 PCBP1 寡聚。HeLa 细胞（$2\times10^5$）或 293 细胞（$0.5\times10^6$）接种于 6 孔板，20h 后用 poly（I:C）转染细胞。转染后按图示时间点收集并裂解细胞，进行蛋白质免疫印迹分析。C. PCBP1 寡聚条带仅在高浓度尿素处理后减少。293 细胞（$0.5\times10^6$）接种于 6 孔板，20h 后用 HA-PCBP1 转染细胞。转染后 20h 收集并分别用尿素裂解液（Urea lysis$^+$）或普通裂解液（Urea lysis$^-$）裂解细胞。HeLa 细胞（$2\times10^5$）接种于 6 孔板，20h 后用 poly（I:C）转染细胞或不转染。转染后 30h 收集并分别用尿素裂解液或普通裂解液裂解细胞。用小鼠抗 PCBP1 血清进行蛋白质免疫印迹分析。*均代表 PCBP1 单体位置。

冲液含有大量 SDS 和 DTT，理论上足以破坏二硫键和大部分的疏水相互作用，但并未影响 PCBP1 的寡聚作用，暗示着氢键可能参与这种稳定的聚合。于是尝试用尿素处理样品，结果显示，过量表达或内源的寡聚条带均大大减少（图 4.8C）。

有文献指出，PCBP 的 N 端 K 同源结构域（K homology，KH）可能参与其寡聚（Bedard et al.，2004）。据此构建了若干截短突变体（图 4.9A），重点研究缺失 N 端 KH 对结合全长分子的影响。结果发现，单独缺失 N 端任意一个 KH 尚能与全长分子结合，但同时缺失 N 端两个 KH 将失去结合能力（图 4.9B）。更重要的是，能够结合自身的 PCBP1 突变体都具有抑制 MAVS 的作用，而不能与自身结合的突变体丧失了抑制 MAVS 的能力（图 4.9C）。

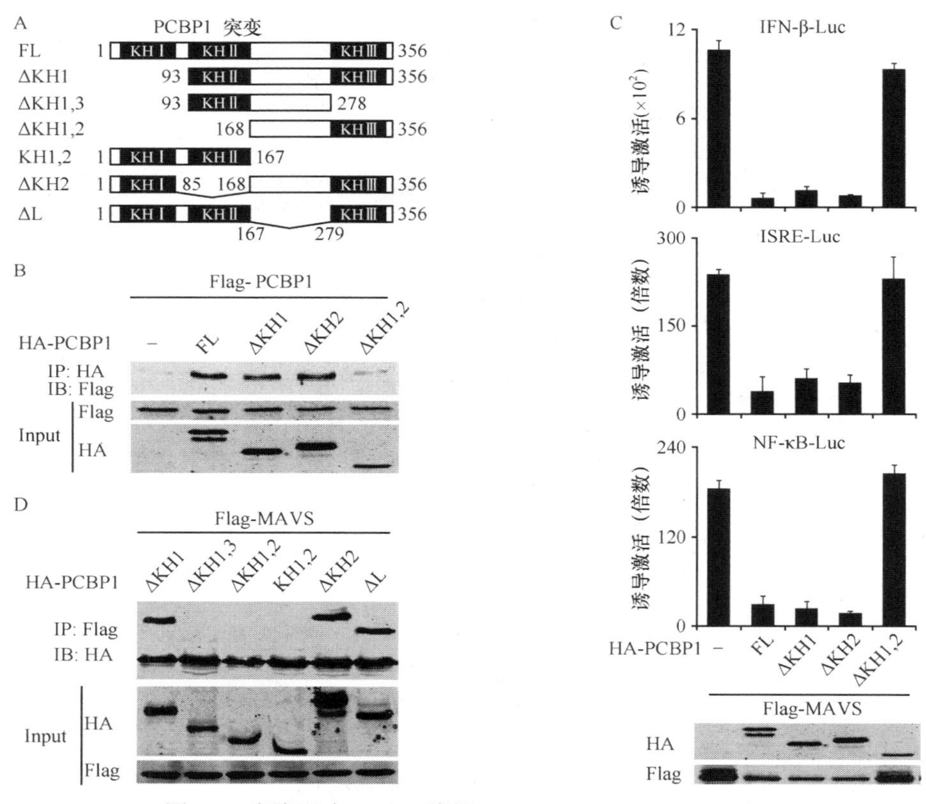


图 4.9 寡聚影响 PCBP1 降解 MAVS（Zhou et al.，2012）

A. PCBP1 及其缺失突变体结构示意图。数字代表氨基酸位数。FL，全长；KH，K 同源结构域；L，连接区。B. PCBP1 前 2 个 KH 同时缺失将失去结合自身的能力。293 细胞（$5\times10^6$）接种于 10cm 培养皿中，18h 后用 Flag-PCBP1 加图示带 HA 标签的各突变体 10μg 转染细胞。转染后 20h 收集并裂解细胞，用 HA 抗体进行 IP，用 Flag 抗体进行 IB。C. PCBP1 前 2 个 KH 同时缺失将失去抑制 MAVS 的能力。293 细胞（$0.5\times10^5$）接种于 24 孔板，20h 后用 200ng 的 Flag-MAVS 和 HA-PCBP1 全长或突变体（各 200ng）转染细胞；如图分别共转 50ng 的 IFN-β、ISRE 或 NF-κB 及 50ng 的 pRL-SV40-*Renilla*。转染 24h 后进行萤光素酶活性测定。D. PCBP1 前 2 个 KH 同时缺失将失去结合 MAVS 的能力。293 细胞（$5\times10^6$）接种于 10cm 培养皿中，18h 后用 Flag-MAVS 加图示 HA 标签的各片段 10μg 转染细胞。转染后 20h 收集并裂解细胞，用图示抗体进行 IP 和 IB。

与影响报告基因激活的能力对应，同时缺失前 2 个 KH 的 PCBP1 突变体丧失了降解 MAVS 的能力，而单独缺失 KH1 或 KH2 并无显著影响（图 4.9C）。也在免疫共沉淀实验中证实，单独缺失 KH1 或 KH2 的 PCBP1 仍能结合 MAVS，但同时缺失前 2 个 KH 的 PCBP1 将不再同 MAVS 结合（图 4.9D）。这是 PCBP1 另一个不同于 PCBP2 的特性，因为 PCBP2 完全依赖连接区介导 MAVS 的结合（You et al.，2009），而缺少连接区的 PCBP1 仍可正常结合 MAVS（图 4.9D）。这个结果反映出 PCBP1 与 PCBP2 在结合 MAVS 所需的结构因素上存在明显的差异，这种差异可能决定了 PCBP1 和 PCBP2 对 MAVS 调节作用的差别。

## 4.6　PCBP1 和 PCBP2 的差异表达

PCBP1 与 PCBP2 类似和协同的功能令人疑惑：这两个分子是否相互冗余，还是各有其生理意义？首先检测了不同器官中这两个蛋白质的表达量是否存在差异。正如文献所述，各器官均表达 PCBP1 和 PCBP2（Leffers et al.，1995）。有意思的是，它们在各器官的相对丰度变化趋势惊人地相似，所不同的是，各样品中 PCBP1 的含量无一例外地高于 PCBP2（图 4.10A）。

接下来研究病毒刺激前后内源的 PCBP1 和 PCBP2 是否也具有相似的表达模式。首先用病毒感染 HeLa 细胞，取不同时间点检测 PCBP1 和 PCBP2 的表达量，发现未处理时 PCBP1 的含量远多于 PCBP2；而 poly（I:C）转染，或 SeV、NDV 和脑心肌炎病毒（Encephalomyocarditis virus，EMCV）等感染细胞后，PCBP1 的含量基本不变，但 PCBP2 的表达量显著上调，甚至超过 PCBP1（Zhou et al.，2012）（图 4.10B）。SeV 刺激 A549 细胞、HT1080 细胞或 U937 细胞也能见到类似的现象（图 4.10C）。

从这部分结果来看，PCBP1 和 PCBP2 受到病毒 dsRNA 或其类似物刺激后的表达模式，具有普遍类似的特性，暗示了这两个分子的生理功能可能具有相应的差别。

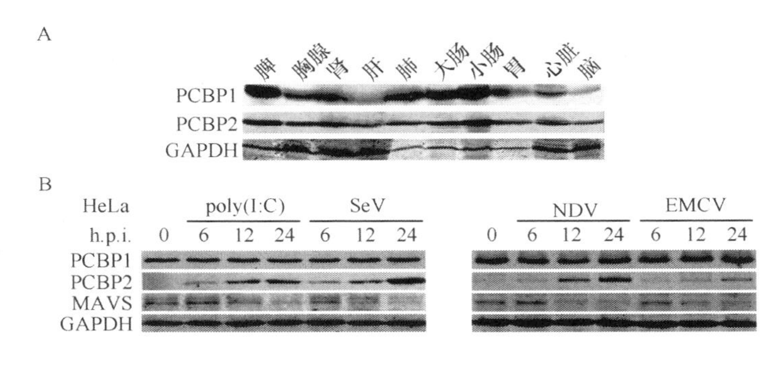

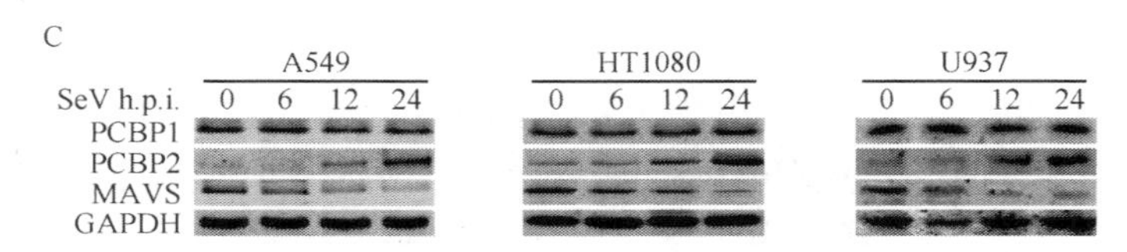


图 4.10 病毒刺激前后 PCBP 的差异表达（Zhou et al.，2012）

A. 不同器官中 PCBP1 和 PCBP2 的表达。新处死的小鼠各器官匀浆后制备裂解液进行蛋白质免疫印迹分析。左起器官依次为：脾、胸腺、肾、肝、肺、大肠、小肠、胃、心脏和脑。B、C. 病毒刺激前后不同细胞中 PCBP1 和 PCBP2 的表达差异。HeLa 细胞（B）、A549、HT1080 或 U937 细胞（C）（$2\times10^5$）接种于 6 孔板，20h 后如图进行 SeV、NDV 或 EMCV（m.o.i.，8）感染，或 poly（I:C）转染。处理后按图示时间点收集并裂解细胞进行蛋白质免疫印迹分析。

## 4.7 PCBP1 持续负调节 MAVS

根据目前的数据可以确信，PCBP1 和 PCBP2 在病毒刺激前后不同的表达模式有其相关的生理意义。为了证实这个判断，检测了病毒感染前后沉默 PCBP 产生的影响。首先确认 MAVS 在病毒感染前后不同程度地通过蛋白酶体途径降解（图 4.11A）。在 293 细胞（图 4.11B）和 HeLa 细胞（图 4.11C）中都发现，静息态沉默 PCBP1 可导致 MAVS 含量增加，此时沉默 PCBP2 并无此效应；与之不同的是病毒感染后，MAVS 的降解并不能通过沉默 PCBP1 而缓解，而此时沉默 PCBP2 则能显著回复 MAVS 蛋白量（图 4.11B，C）。

由此看来，与负反馈因子 PCBP2 不同，PCBP1 表现为“看家”调节因子，具有抑制 MAVS 的能力，只不过其效用在未感染的静息态更加明显。IRF3 的磷酸化水平也印证了这一解释：沉默 PCBP1 后 IRF3 表现出一定的活化效应（图 4.11B，C）。类似效果也从沉默 PCBP 后刺激诱导报告基因活化（图 4.11D）及 VSV 侵噬能力（图 4.11E）的改变中显示出来。

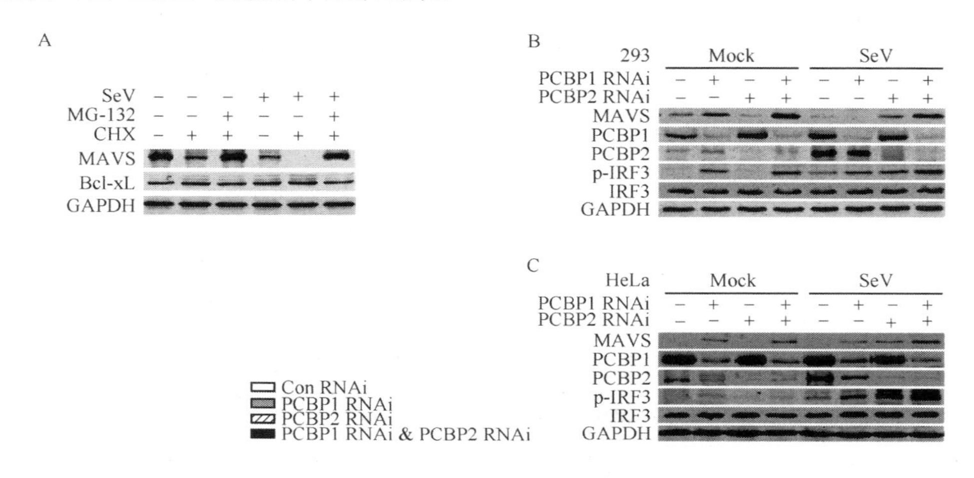

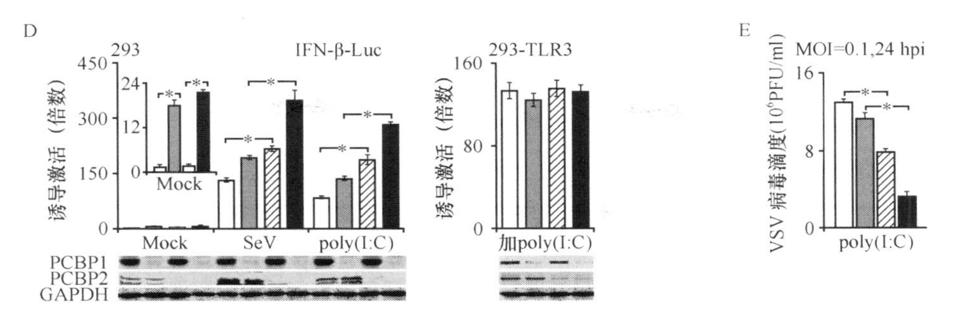


图 4.11　病毒感染前后沉默 PCBP 的差异（Zhou et al.，2012）

A. 病毒感染前后 MAVS 不同程度地通过蛋白酶体途径降解。293 细胞（$0.5\times10^6$）如图进行相应处理 6h 后收集并裂解细胞，用图示抗体进行蛋白质免疫印迹分析。B、C. 病毒感染前后沉默 PCBP1 或 PCBP2 对 MAVS 蛋白量和 IRF3 磷酸化水平的不同影响。293 细胞（$0.5\times10^6$）（B）或 HeLa 细胞（$2\times10^5$）（C）接种于 6 孔板，20h 后分别或同时转染 PCBP1 和 PCBP2 RNAi 质粒（各 3μg）。转染后 48h 进行 SeV 感染，感染后 12h 收集并裂解细胞，用图示抗体进行蛋白质免疫印迹分析。D. 刺激前后沉默 PCBP1 或 PCBP2 对 IFN-β 激活的不同影响。293 细胞（$0.5\times10^5$）接种于 24 孔板，20h 后分别或同时用 PCBP1 和 PCBP2 RNAi 质粒（各 200ng）转染细胞；同时共转 50ng 的 IFN-β 及 50ng 的 pRL-SV40-*Renilla*。转染 48h 后分别用 poly（I:C）转染或 SeV 感染 18h；293-TLR3 细胞类似接种转染后，向培养上清加入 poly（I:C）（5μg/ml）并继续培养 6h，然后进行萤光素酶活性测定。E. poly（I:C）转染前后沉默 PCBP1 或 PCBP2 对 VSV 复制能力的不同影响。293 细胞同（D）接种转染 RNAi 质粒 48h 后，用 poly（I:C）转染细胞。转染后 12h 进行 VSV 空斑实验。

为了验证 PCBP1 是 MAVS 的稳态抑制因子，用小鼠制备的 PCBP1 抗血清进行内源免疫共沉淀，发现检测的三种状态：未感染、SeV 感染 4h 或 8h，结合 PCBP1 的免疫复合物中均能检测到 MAVS（图 4.12A）。同时采用亚细胞组分分离的手段分析上述样品，发现大部分 PCBP1 存在于核内，但始终有部分 PCBP1 存在线粒体组分（图 4.12B），核组分标识组蛋白 H3 的印迹证实线粒体组分中并无核组分混入，说明部分 PCBP1 确实存在于线粒体组分——这种共定位无疑是 PCBP1 调节 MAVS 的前提。不同的是，PCBP2 需要刺激诱导才转移至线粒体组分（图 4.12B）。用免

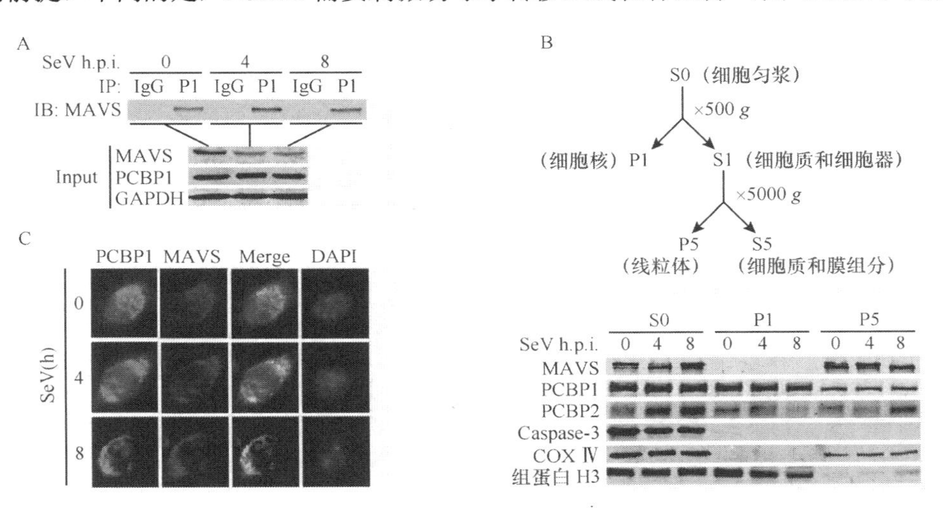

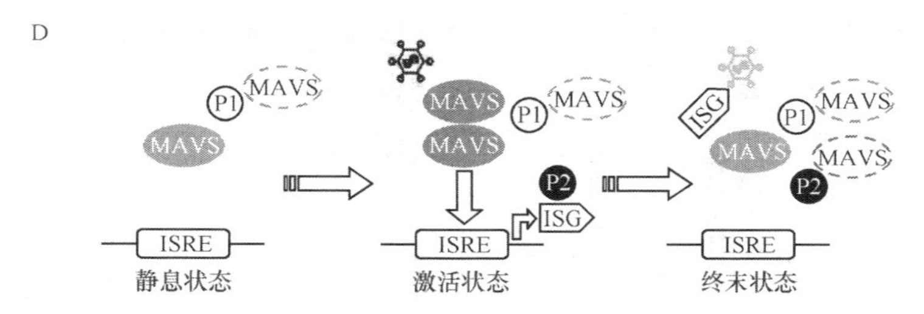


图 4.12 PCBP1 持续抑制 MAVS（Zhou et al.，2012）（彩图请扫封底二维码）

A. 内源 PCBP1 结合 MAVS。293 细胞（$5\times10^7$）用 SeV 感染后 0、4h 或 8h 收集并裂解细胞，用小鼠抗 PCBP1 血清或免疫前血清进行 IP，用兔抗 MAVS 多克隆抗体进行 IB。B. SeV 感染前后 PCBP1 和 PCBP2 的亚细胞定位。HeLa 细胞（$1\times10^6$）用 SeV 感染后 0、4h 或 8h 收集细胞并匀浆，按图示步骤分离亚细胞组分并进行蛋白质免疫印迹分析，Caspase 3、COX IV和组蛋白 H3 分别为胞质、线粒体和核组分上样量内参对照。C. SeV 感染前后内源 PCBP1 与 MAVS 的共定位趋势。HeLa 细胞（$0.5\times10^5$）接种于 12 孔板的盖玻片上并用 SeV 感染后 0、4h 或 8h 固定细胞进行免疫荧光实验。使用小鼠抗 PCBP1 血清和兔抗 MAVS 多克隆抗体分别显示内源 PCBP1（绿）或 MAVS（红）；DAPI 用作核染料（蓝）。Merge 为红绿共显。D. PCBP1 和 PCBP2 负调节 MAVS 的模式图。稳态下 PCBP1 保持对 MAVS 的降解抑制作用；病毒感染后 MAVS 高度活跃以至于 PCBP1 不足以抑制其活性，I 型干扰素通路激活诱导包括 PCBP2 在内的 ISG；PCBP2 被大量诱导后降解 MAVS 终止信号转导。

疫荧光检测内源分子定位时发现，无论感染与否，均有部分 PCBP1 定位于胞质，而随着感染时间的增加，PCBP1 与 MAVS 共定位的趋势更明显（图 4.12C）。

综上，PCBP1 是 MAVS 的一个重要调节因子。它能够持续稳定地引起 MAVS 依赖泛素-蛋白酶体途径降解，主要控制着稳态 MAVS 蛋白水平的恒定（图 4.12D）。

## 小　　结

经过重点研究 PCBP1 与 MAVS 相互作用的结构基础和直接效果，得到以下实验结果：

（1）PCBP1 能结合 MAVS 并负调节 MAVS 介导的抗病毒天然免疫反应；

（2）PCBP1 招募泛素 E3 连接酶 AIP4/Itch，后者介导 MAVS 的 K48 位多泛素化，导致其依赖蛋白酶体的降解；

（3）PCBP1 和 PCBP2 彼此协同，而非竞争或拮抗地负调节 MAVS；

（4）病毒刺激前后，内源 PCBP1 和 PCBP2 的表达方式不同：前者不受诱导，稳定足量地表达；后者本底非常低，但刺激后显著上调；

（5）分别沉默 PCBP1 或 PCBP2，MAVS 的蛋白量将会相应改变：未感染细胞中，沉默 PCBP1 能增加 MAVS 含量，沉默 PCBP2 则不能；病毒感染后，沉默 PCBP1 令 MAVS 含量回复的效果又远不及沉默 PCBP2 明显。

（6）无论是否感染，MAVS 所在的线粒体组分均能检测到 PCBP1；而未感染时线粒体组分检测不到 PCBP2，部分 PCBP2 仅在病毒感染后才逐步转移至线粒体。

生理条件下，PCBP1 和 PCBP2 在调节 MAVS 过程中扮演不同的角色：静息状态下，足量表达的 PCBP1 可以稳定持续地发挥降解 MAVS 的功能，以控制胞内 MAVS 的含量低于其活化激发下游反应的阈值（图 4.12D，静息态）；一旦病毒感染，MAVS 将被上游受体刺激高度活化，行使抗病毒接头分子功能，此时 PCBP1 的作用显得不足为道（图 4.12D，活化态）；随着 I 型干扰素和干扰素刺激基因（包括 PCBP2）的诱导上调，大量合成的 PCBP2 负责降解 MAVS 从而适时中止反应（图 4.12D，终末态）。这个模型符合实验结果，也从一个侧面反映了 PCBP1 和 PCBP2 作为两个高度相似但并不相同的分子，确实具有生理功能上的差异。

不出意外，PCBP1 和 PCBP2 运用完全相同的分子机制达到降低 MAVS 蛋白量的目的，理由如下：之前对 PCBP2 招募 AIP4 的关键结构因素定位在它的第二个 WW 结合基序（PSSS189P190V），其中关键位点为数字标注的“SP”残基（You et al.，2009）。通过序列比对可以发现，这个基序在 PCBP1 分子中是高度保守的，并且关键位点完全一样（PASS190P191V）。因此，不难理解 PCBP1 与 PCBP2 招募泛素连接酶的能力如出一辙。这两个分子序列的高度相似性并非偶然，因为曾有文献指出，PCBP1 其实是 PCBP2 的信使 RNA（mRNA）几种剪切形式之一，是通过反转座插入基因组形成的旁系同源蛋白（paralog）（Makeyev et al.，1999）。也有文献报道过 PCBP1 和 PCBP2 具有相似或互助的功能（Evans et al.，2003；Kim et al.，2005；Murray et al.，2001；Waggoner et al.，2009），因此它们用同样的分子机制调节 MAVS 也在情理之中。

鉴定反转座的研究者曾指出，尽管很多反转座的结果是“假基因”的形成，但由 PCBP2 向 PCBP1 的这次反转座却形成了一个能够高效转录和表达，同时也具有强大功能的蛋白质。鉴于人和小鼠中均有功能性的 PCBP1，那么反转座极有可能发生在哺乳动物分支以前。而在其后几百万年的进化选择中，全基因组只有单拷贝的 PCBP1 得以保留，暗示着它已具有不同于 PCBP2 的作用（Makeyev et al.，1999）。正如所观察到的，在病毒感染前后，分别沉默 PCBP1 和 PCBP2 对 MAVS 含量的影响是完全不同的。结果表明，稳态下 MAVS 的含量主要受到 PCBP1 的控制，而病毒感染后 MAVS 更多地受 PCBP2 介导而降解。与之相应，这两个蛋白质的表达模式也完全不同，而且恰与其可能的功能相吻合。无独有偶，曾经有报道显示，皮质神经元（cortical neuron）在缺氧（hypoxia）和缺血（ischemia）刺激时，PCBP1 和 PCBP2 表达呈现完全相反的走势（Zhu et al.，2002）。

值得注意的是，无论在未感染条件下还是病毒感染后，同时沉默 PCBP1 和 PCBP2 的表达所引起的 MAVS 蛋白积累或胞内抗病毒反应的增强效应，都不亚于或者更甚于分别沉默其中之一的效果（见图 4.11）。换句话说，无论是 PCBP1 占主要调节地位（未感染时）还是 PCBP2 占主要调节地位（感染后），同时沉默 PCBP1 和 PCBP2 都将获得更彻底的作用效果。这无疑显示出 PCBP1 和 PCBP2 的互补作用，极有可能是机体的一种自我保护机制，以确保二者之一的失效可部分被另一方的作用所补充。在另一篇报道中，这两个分子也表现出非常相似的互补效应（Waggoner et al.，2009）。因此，有理由相信，PCBP1 绝不仅仅是一个可有可无的“冗余”分子。

排除“冗余”更直接的证据来自 PCBP1 调节 MAVS 所需的结构基础与 PCBP2 的不同之处。相比于 PCBP2，PCBP1 具有强烈的寡聚倾向，无论是过量表达还是内源分子（见图 4.8）。这种寡聚无法在 SDS 和 DTT 存在的情况下解聚，必须用高浓度的尿素处理样品才能消除（见图 4.8），因此推测寡聚的动力可能是多组氢键的作用。由于寡聚现象能在与 AIP4 免疫共沉淀实验中和病毒 dsRNA 类似物处理细胞后观察到，推测寡聚可能与其调节 MAVS 的功能相关。

基于报道（Du et al.，2008）仔细研究寡聚的结构域基础，发现 PCBP1 的前两个 KH 同时缺失将丧失结合自身的能力，单独的 KH 缺失并不影响，可能 KH1 和 KH2 均参与 PCBP1 分子的寡聚，彼此具有补充作用。有意思的是，当鉴定缺失突变体调节 MAVS 的能力时，发现缺失自身结合能力后 PCBP1 抑制 MAVS 的作用也一并丧失。由此可见，PCBP1 的寡聚性质在其调节 MAVS 的过程中具有重要意义。可能的解释如下：PCBP1 作为一个接头蛋白，将泛素 E3 连接酶 AIP4 招募至 MAVS 的位点。PCBP1 单体的分子质量不大，它结合 MAVS 及 AIP4 的结构基础都位于其连接区（linker region），单体 PCBP1 可能无法通过同样的结构单元同时结合两个不同的分子，那么通过 KH 的寡聚则恰好解决了这个问题：两个 PCBP1 分别通过各自的连接区结合 MAVS 或 AIP4，而彼此通过 KH 相互作用结合，从而拉拢 AIP4 和 MAVS 的距离，促进其生理反应（图 4.13）。PCBP1 的这种作用机制具有其结构基础，因为在对 PCBP 的 KH 结构域的结构解析中便已发现类似的作用机制，介导 PCBP 结合靶 RNA（Du et al.，2008）。然而，这种解释尚需要更多的实验支持。

除了在调控 RNA 方面的作用，PCBP1 功能的复杂性和多样性随着更多相互作用蛋白的发现而不断增加。这项发现无疑为其多重身份的鉴定增加了一个有力的证据。尽管在病毒感染后，PCBP1 对 MAVS 的负调节作用不及 PCBP2 显著，但 PCBP1 对 MAVS 的重要性绝不亚于 PCBP2。PCBP2 及不少其他负调节 MAVS 的蛋白质属于诱导型负反馈因子，它们只有在诱导后才发挥功效（Richards and Macdonald，2011）。这一点恰与 PCBP1 不同，PCBP1 决定了线粒体抗病毒反应开启的临界，也就是说，稳态下依靠 PCBP1 的作用，MAVS 的含量达不到能够激活下游反应诱导 I 型干扰素生成的阈值。这种决定作用的重要性需要结合 I 型干扰素的效应来衡量。通过前面章节的内容可以了解到，I 型干扰素除了强有力的抗病毒效应，还与众多慢性炎症反应和自身免疫疾病关系密切，如系统性红斑狼疮（systemic lupus erythromatosus，SLE）、皮肌炎（dermatomyositis）及银屑病（psoriasis）等（Kretschmer and Lee-Kirsch，2017；Lee-Kirsch，2017）。由此可见，防止 I 型干扰素通路异常活化对于避免上述病症至关重要。PCBP1 作用的揭示令其成为数目不多的几个稳态调节因子之一（Moore and Ting，2008；Yasukawa et al.，2009）。这无疑为 I 型干扰素引发疾病的治疗提供了新的药物靶标。

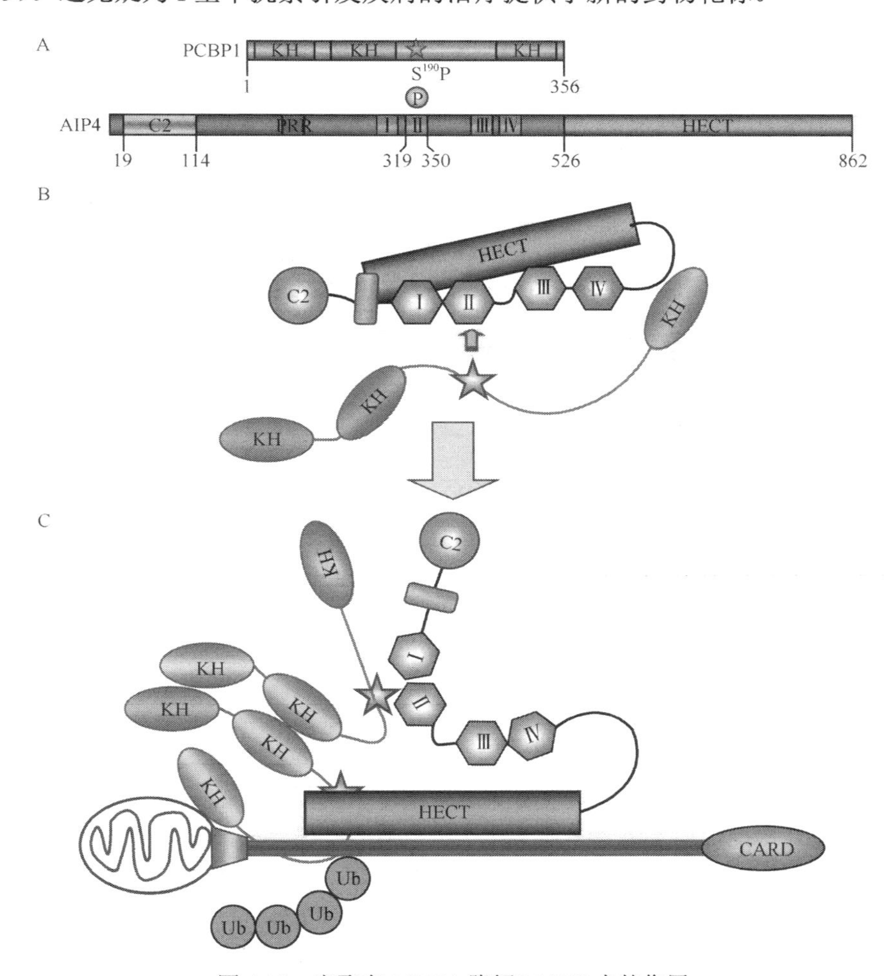


图 4.13　寡聚在 PCBP1 降解 MAVS 中的作用

A. PCBP1 和 AIP4 的结构域示意图。PCBP1 的磷酸化 $S^{190}P$（五角星）是 AIP4 的 WW-II 相互作用位点。B. 通常 AIP4 处于自抑制状态，PCBP1 与 AIP4 WW-II 结合释放其 HECT 结构域，使其具有泛素连接酶功能。C. 一分子 PCBP1 结合 AIP4，另一分子 PCBP1 结合 MAVS，PCBP1 之间通过 N 端 KH 寡聚介导 AIP4 与 MAVS 靠近，从而介导其 K48 位泛素化。KH，K 同源结构域；C2，$Ca^{2+}$结合域；PRR，富含脯氨酸区域；I/II/III/IV，WW-I/II/III/IV 结构域；HECT，E6-AP C 端同源；Ub，泛素。

PCBP1 和 PCBP2 同属一个保守的蛋白家族，具有结合 RNA 的能力，从转录及转录后水平参与调节多条代谢途径（Makeyev and Liebhaber，2002）。证实它们以负调节因子参与 MAVS 的蛋白量控制，这是不同于 RNA 相关作用的新功能。

尽管从某种角度看来，它们对 MAVS 的调节确实存在冗余效应，不过考虑到不同的本底表达水平及应激效果，有理由相信它们缺一不可。更为细致的表达量时效调节或亚细胞定位的空间调控（Chkheidze and Liebhaber，2003），可能精确地决定着它们作用的特异性。当然，这些细节还需进一步研究来确证。

简言之，这部分研究证实了 PCBP1 是 MAVS 的负调节因子，初步探讨了寡聚对 PCBP1 调节功能的影响；更重要的是，该研究发现并从不同角度验证了 PCBP1 和 PCBP2 通过不同的方式调节 MAVS 及其介导的抗病毒天然免疫反应。

# 第 5 章　抗病毒天然免疫与自身免疫病

机体的天然免疫反应作为一种抵御病原微生物感染、组织损伤和细胞癌变的自我保护机制，受到精密的调控。任何异常调节引起的免疫失调将诱发炎症反应（inflammation）、自身免疫病（autoimmune disease，AID），甚至引发肿瘤等重大疾病（Kretschmer and Lee-Kirsch，2017；Lee-Kirsch，2017）。本章概述了天然免疫和自身免疫病之间关联的研究，重点指出 PCBP 蛋白分子如何通过影响天然免疫抗病毒蛋白 MAVS 的功能调节自身免疫病发病的分子机制。

## 5.1　炎症与自身免疫病

自身免疫（autoimmunity）是指机体免疫系统对自身成分发生免疫应答的现象，即在某些情况下，自身耐受遭到破坏，机体免疫系统针对自身抗原产生免疫应答，体内检出自身抗体（autoantibody）或自身反应性 T 淋巴细胞（autoreactive T lymphocyte）。

目前已经发现不少于 80 种自身免疫病。自身免疫病的临床定义最早来源于它们共同的特性——能够识别或者攻击自身抗原的、活化的 B 淋巴细胞或 T 淋巴细胞的存在。然而近年来，一系列疾病缺少这类活化的自体抗原或者淋巴细胞，但仍表现出瞬时或者持续的炎症反应，因而被称为自身炎症性疾病（autoinflammatory diseases），并且往往与机体的天然免疫系统息息相关（Rose，2016）。

自身免疫病在女性中多见，随着年龄的增高发病率上升，具有一定的遗传倾向。尽管某些自身免疫病有明显的诱因，但大多数病因不明，且发作与缓解反复交替，为疾病的治疗造成了明显的障碍。

免疫调节机制的紊乱已经被证明是诱导产生自身炎症性疾病和自身免疫病的重要因素，包括：①MHC II 类抗原表达异常；②细胞因子产生失调；③抑制性免疫调节作用减弱等。已经发现，免疫抑制类药物对自身免疫病有一定的疗效（Murthy and Leslie，2016）。

## 5.2　天然免疫与自身免疫病

天然免疫抗病毒反应的关键步骤为 I 型干扰素信号通路的激活，随后产生的大量 IFN-β 和 IFN-α 将进一步诱导干扰素刺激基因的产生，发挥抗病毒效应，或者引发自身免疫病（Kretschmer and Lee-Kirsch，2017）（图 5.1）。

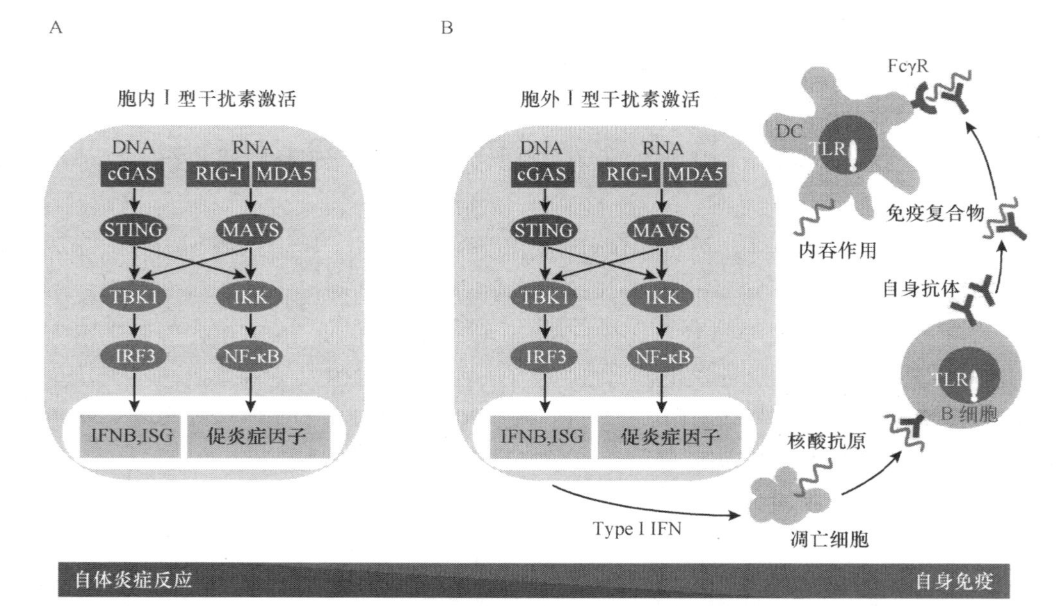


图 5.1 I 型干扰素引发自身免疫病（Kretschmer and Lee-Kirsch，2017）

A. 细胞内在的 I 型干扰素激活由胞内 DNA 或 RNA 受体 cGAS 或 RIG-I 和 MDA5 介导。cGAS 招募 STING，而 RIG-I 和 MDA5 招募 MAVS 激活信号通路。两条通路均活化 TBK1/IRF3 诱导 IFN-β 和干扰素刺激基因（ISG），或激活转录因子 NF-κB 诱导促炎性细胞因子。B. 细胞外源性 I 型干扰素活化通过 Toll 样受体依赖性途径，由凋亡细胞释放的凋亡小体激活自身反应性 B 细胞，活化的 B 细胞产生自身抗体，形成免疫复合物，由树突状细胞通过 FcγR 结合和内化这些免疫复合物进一步诱导 TLR 依赖性 I 型干扰素产生。来自凋亡细胞的碎片中包含的核酸也可被树突状细胞内吞，增强交叉提呈，以非细胞自主方式产生 T 细胞共刺激因子。Type I IFN，I 型干扰素；cGAS，环鸟苷-腺苷合酶；RIG-I，维甲酸诱导基因 I；MDA5，黑素瘤分化相关基因 5；TBK1，TANK 结合激酶 1；IKK，IκB 激酶；IRF3，干扰素调节因子 3；NF-κB，核因子 κB；IFNB，IFN- β 基因；ISG，干扰素刺激基因；FcγR，免疫球蛋白 IgG Fc 段受体；DC，树突状细胞；TLR，Toll 样受体。

I 型干扰素依赖的抗病毒天然免疫反应由庞大的分子网络构成，其调节机制复杂而精密。I 型干扰素的诱导和功能关系到许多重要的自身免疫病，接下来将对几类常见的自身免疫病进行概述。

### 5.2.1 I 型干扰素与系统性红斑狼疮

系统性红斑狼疮（systemic lupus erythematosus，SLE）是典型的由 I 型干扰素介导的自身免疫疾病，其发病机制非常复杂，但一个明确的特征是针对内源性核抗原的免疫应答，其中抗核抗体（anti-nuclear antibody，ANA）可判断疾病的活动性及预后，用于观察治疗反应，指导临床用药（Liu and Davidson，2012）。患者常伴有 I 型干扰素在体液中的异常累积和活化，因此 I 型干扰素信号通路的调节直接影响 SLE 的发病和治疗。

病毒感染引发的细胞凋亡物质和免疫复合物可以通过 Toll 样受体依赖或非依

赖性途径刺激浆细胞样树突状细胞，以分泌过量的 I 型干扰素（IFN-α/β）。这些 I 型干扰素促进单核细胞向髓样树突状细胞的分化、引起 B 细胞活化为生产抗体的浆细胞、诱导从 IgM 到 IgG 的亚类转换，并通过自然杀伤细胞促进 Th1 和 Th17 免疫应答。综合这些效应将导致系统性红斑狼疮中终末器官组织的损伤（Bengtsson and Ronnblom，2017）。

### 5.2.2 I 型干扰素与类风湿性关节炎

I 型干扰素是类风湿性关节炎（rheumatoid arthritis，RA）临床治疗的生物标志物。在临床前类风湿性关节炎中，I 型干扰素升高的个体患关节痛的风险更高。I 型干扰素还能预测治疗反应，在靶向治疗中具有一定的临床价值（Narendra et al.，2014）。I 型干扰素表达高的患者对利妥昔单抗的反应相对更差。最近的一项研究中，中性粒细胞中较高的干扰素评分与对抗肿瘤坏死因子治疗的良好反应相关。此外，I 型干扰素的表达还可预测类风湿性关节炎的并发症——在类风湿性关节炎患者亚组中增加 I 型干扰素刺激基因（如 IFIT、IFIT2 和 IRF7）将导致凝血、补体激活和脂肪酸代谢通路的激活（van der Pouw Kraan et al.，2007）。

## 5.3 PCBP 通过 MAVS 调节自身免疫病

免疫调节机制紊乱是导致自身免疫病的一个重要因素，它包括细胞因子的产生失调及抑制性免疫调节作用的减弱。PCBP-AIP4 作为抗病毒天然免疫信号通路的一个关键抑制性调节因素（You et al.，2009），其异常将导致自身免疫病的产生。

与 PCBP2 的表达模式类似，AIP4 也是一个在病毒感染细胞后表达量上调的蛋白质（图 5.2A）。沉默 AIP4 增强细胞内的抗病毒免疫反应（图 5.2B～H）。

AIP4/Itch 敲除小鼠细胞中 MAVS 的含量在病毒感染前后始终保持稳定不降解，高表达 PCBP2 也不能使 MAVS 降解（图 5.2I、J），再次证明了 AIP4 是 PCBP2 引起 MAVS 降解的关键泛素 E3 连接酶。

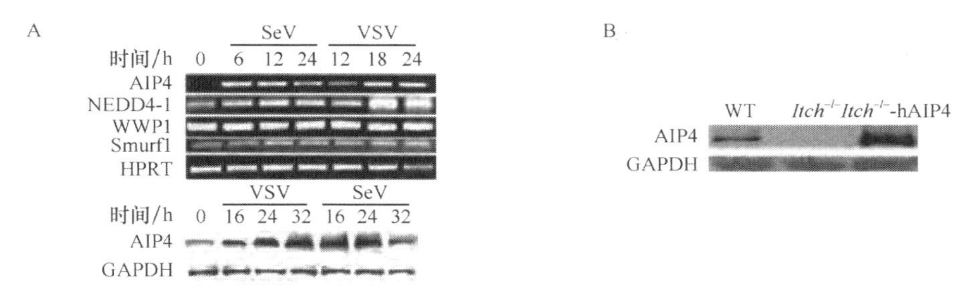

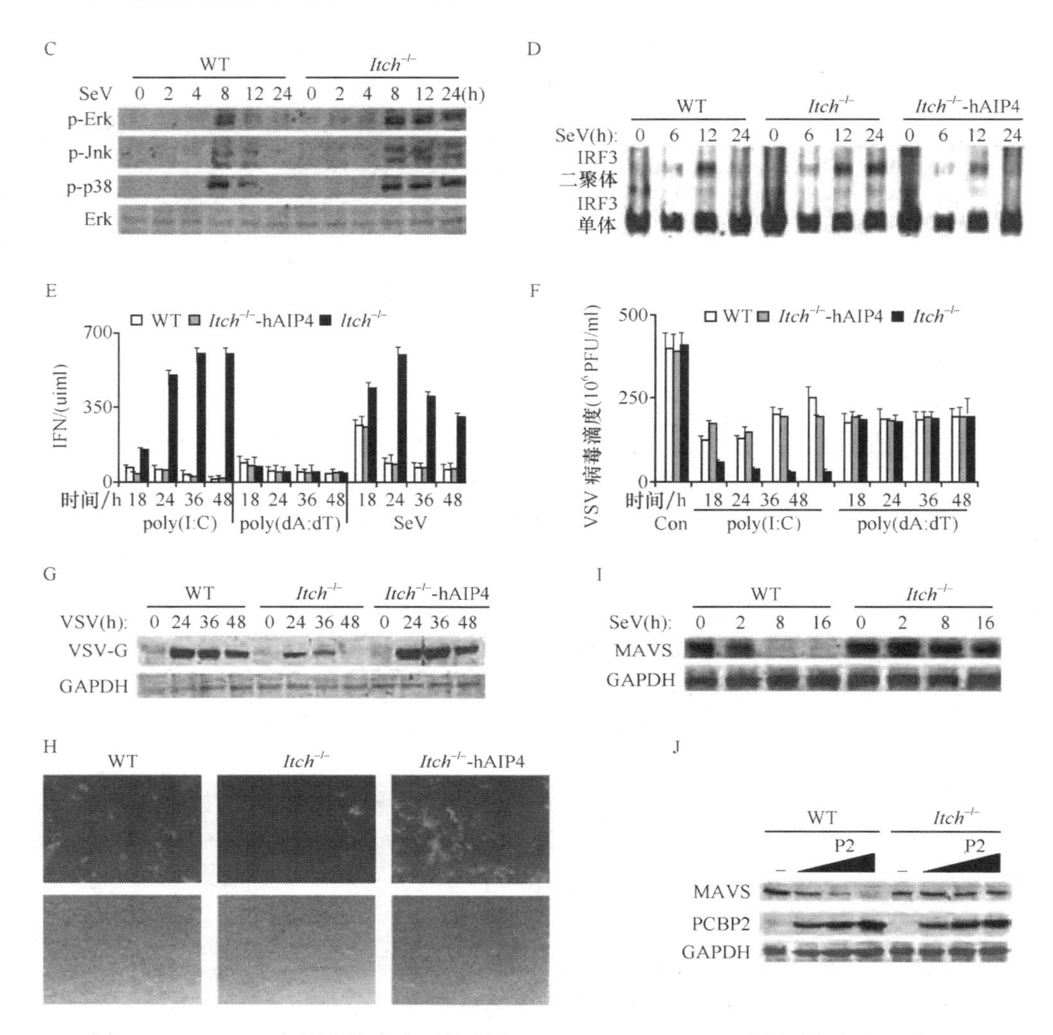


图 5.2 AIP4/Itch 负调节抗病毒天然免疫（You et al.，2009）（彩图请扫封底二维码）

A. 病毒感染诱导 AIP4 的表达；B～H. AIP4/Itch 敲除小鼠细胞中天然免疫持续活化，导致病毒感染受到抑制；I. AIP4/Itch 敲除小鼠细胞中 MAVS 的表达量在病毒感染后保持稳定不降解；J. AIP4/Itch 敲除小鼠细胞中表达 PCBP2 也不能引起 MAVS 的降解。

类似地，PCBP1 也通过招募 AIP4 来降解 MAVS，因此，在 AIP4/Itch 敲除小鼠中 PCBP 家族分子不再具有精确调节 MAVS 活性的能力（You et al.，2009）。

来自中国科学院生物物理研究所范祖森实验室的一项报道也验证了 PCBP2 调节机制在自身免疫病的发病中的重要作用。他们发现，胰岛素受体酪氨酸激酶底物（insulin receptor tyrosine kinase substrate，IRTKS）的缺失能增强 RNA 病毒感染引起的天然免疫反应。这种效应是由 IRTKS 招募泛素 E2 连接酶 Ubc9 对位于细胞核内的 PCBP2 进行 Sumo 化修饰，导致 PCBP2 由细胞核转位到细胞质介导 MAVS 的泛素化降解，从而削弱 MAVS 引发的抗病毒反应。因此，IRTKS 的效应与 PCBP2-AIP4 复合物类似，都能够有效地抑制过度的免疫反应引起的自身免疫病（Xia et al.，2015）。

病毒核酸引起的 I 型干扰素依赖的抗病毒天然免疫反应由复杂的调节网络构成，一旦病毒感染得到控制，相应的免疫反应需要一定的终止机制。这些调节机制不仅确保病毒感染后迅速而有效的反应，也保证机体不被异常的免疫活化所损伤。而天然免疫系统紊乱将导致自身免疫病发病概率的增加。对 I 型干扰素信号通路分子机制的深入理解将有助于认识 I 型干扰素调节网络的复杂性，并揭示 I 型干扰素引发的自身炎症反应和自身免疫病的发病机制。

## 小　　结

*Itch*$^{-/-}$小鼠胚胎成纤维细胞对病毒感染表现出过度的天然免疫反应，持续产生 I 型干扰素与多种炎症因子，而后者是导致机体罹患自身免疫病与多器官慢性炎症的罪魁祸首（也是 *Itch*$^{-/-}$小鼠的表型）。造成免疫失调的原因是 AIP4 的缺失导致 MAVS 激活后不能降解，使病毒感染导致的免疫反应被持续激活而无法关闭。

这项发现在抗病毒天然免疫与自身免疫病之间建立了内在的关联，表明异常或持续活化的 MAVS 是导致自身免疫病症状的关键因素之一。

# 第6章　总结与展望

本书系统阐述了天然免疫抗病毒蛋白MAVS的活性调节在其发挥恰当的免疫反应过程中的关键作用。经过研究，确认与鉴定了PCBP家族蛋白对MAVS的负调节作用，该作用能够将MAVS介导的抗病毒免疫反应控制在一个合理的范围，避免过度反应对机体造成的损伤。尽管通过类似的分子机制发挥功能，PCBP1和PCBP2这两个分子的作用方式有着本质的区别：前者组成性地抑制MAVS的异常活化，而后者负反馈调节MAVS，避免MAVS的持续活化。这种同一家族的不同成员在天然免疫中发挥各异功能的模式为进一步研究抗病毒天然免疫的调节机制奠定了一定的理论基础。本书的一个关键成果是MAVS持续活化诱发自身免疫病，这一发现在天然免疫和自身免疫病之间建立了联系，为自身免疫病的控制提供了有益的治疗思路。

天然免疫的调节是由一系列复杂而精确的分子机制协同作用的，目前的研究尚不足以解释许多问题，例如，机体到底如何控制天然免疫反应以应对各类病毒感染所面临的不同刺激？是否还存在某些未知的调节机制来协调控制复杂的抗病毒反应过程？在本书所述的研究基础之上进一步深入探索，将有可能对这些问题获得更加全面的认识。

# 参 考 文 献


Abdullah M, Berthiaume JM, Willis MS. 2018. Tumor necrosis factor receptor-associated factor 6 as a nuclear factor kappa B-modulating therapeutic target in cardiovascular diseases: at the heart of it all. Translational Research: The Journal of Laboratory and Clinical Medicine, 195: 48-61.

Ablasser A, Bauernfeind F, Hartmann G, et al. 2009. RIG-I-dependent sensing of poly (dA: dT) through the induction of an RNA polymerase III-transcribed RNA intermediate. Nature Immunology, 10 (10): 1065-1072.

Adhikari A, Xu M, Chen ZJ. 2007. Ubiquitin-mediated activation of TAK1 and IKK. Oncogene, 26 (22): 3214-3226.

Agalioti T, Lomvardas S, Parekh B, et al. 2000. Ordered recruitment of chromatin modifying and general transcription factors to the IFN-beta promoter. Cell, 103 (4): 667-678.

Agami R. 2007. All roads lead to IKKepsilon. Cell, 129 (6): 1043-1045.

Akira S, Takeda K. 2004. Toll-like receptor signalling. Nature reviews Immunology, 4 (7): 499-511.

Alexopoulou L, Holt AC, Medzhitov R, et al. 2001. Recognition of double-stranded RNA and activation of NF-kappaB by Toll-like receptor 3. Nature, 413 (6857): 732-738.

Arimoto K, Takahashi H, Hishiki T, et al. 2007. Negative regulation of the RIG-I signaling by the ubiquitin ligase RNF125. Proceedings of the National Academy of Sciences of the United States of America, 104 (18): 7500-7505.

Asagiri M, Hirai T, Kunigami T, et al. 2008. Cathepsin K-dependent toll-like receptor 9 signaling revealed in experimental arthritis. Science, 319 (5863): 624-627.

Balachandran S, Thomas E, Barber GN. 2004. A FADD-dependent innate immune mechanism in mammalian cells. Nature, 432 (7015): 401-405.

Banoth B, Cassel SL. 2018. Mitochondria in innate immune signaling. Translational Research: The Journal of Laboratory and Clinical Medicine, 202: 52-68.

Baril M, Racine ME, Penin F, et al. 2009. MAVS dimer is a crucial signaling component of innate immunity and the target of hepatitis C virus NS3/4A protease. Journal of Virology, 83 (3): 1299-1311.

Basner-Tschakarjan E, Gaffal E, O'Keeffe M, et al. 2006. Adenovirus efficiently transduces plasmacytoid dendritic cells resulting in TLR9-dependent maturation and IFN-alpha production. The Journal of Gene Medicine, 8 (11): 1300-1306.

Bedard KM, Walter BL, Semler BL. 2004. Multimerization of poly (rC) binding protein 2 is required for translation initiation mediated by a viral IRES. Rna, 10 (8): 1266-1276.

Bengtsson AA, Ronnblom L. 2017. Role of interferons in SLE. Best Practice & Research Clinical Rheumatology, 31 (3): 415-428.

Bhoj VG, Chen ZJ. 2009. Ubiquitylation in innate and adaptive immunity. Nature, 458 (7237): 430-437.

Biggioggero M, Gabbriellini L, Meroni PL. 2010. Type I interferon therapy and its role in autoimmunity. Autoimmunity, 43 (3): 248-254.

Blank V, Hirsch E, Challis JR, et al. 2008. Cytokine signaling, inflammation, innate immunity and preterm labour -a workshop report. Placenta, 29 (A): S102-104.

Brasier AR. 2006. The NF-kappaB regulatory network. Cardiovascular Toxicology, 6 (2): 111-130.
Brignall R, Moody AT, Mathew S, et al. 2019. Considering abundance, affinity, and binding site availability in the NF-kappaB target selection puzzle. Frontiers in Immunology, 10: 609.
Brown J, Wang H, Hajishengallis GN, et al. 2011. TLR-signaling networks: an integration of adaptor molecules, kinases, and cross-talk. Journal of Dental Research, 90 (4): 417-427.
Burckstummer T, Baumann C, Bluml S, et al. 2009. An orthogonal proteomic-genomic screen identifies AIM2 as a cytoplasmic DNA sensor for the inflammasome. Nature Immunology, 10 (3): 266-272.
Cai X, Chen J, Xu H, et al. 2014a. Prion-like polymerization underlies signal transduction in antiviral immune defense and inflammasome activation. Cell, 156 (6): 1207-1222.
Cai X, Chen ZJ. 2014. Prion-like polymerization as a signaling mechanism. Trends in Immunology, 35 (12): 622-630.
Cai X, Chiu YH, Chen ZJ. 2014b. The cGAS-cGAMP-STING pathway of cytosolic DNA sensing and signaling. Molecular Cell, 54 (2): 289-296.
Cai X, Xu H, Chen ZJ. 2017. Prion-like polymerization in immunity and inflammation. Cold Spring Harbor perspectives in biology, 9 (4) .
Castano Z, Vergara-Irigaray N, Pajares MJ, et al. 2008. Expression of alpha CP-4 inhibits cell cycle progression and suppresses tumorigenicity of lung cancer cells. International Journal of Cancer, 122 (7): 1512-1520.
Cerliani JP, Stowell SR, Mascanfroni ID, et al. 2011. Expanding the universe of cytokines and pattern recognition receptors: galectins and glycans in innate immunity. Journal of Clinical Immunology, 31 (1): 10-21.
Chan ST, Ou JJ. 2017. Hepatitis C virus-induced autophagy and host innate immune response. Viruses, 9 (8) .
Chen H, Sun H, You F, et al. 2011. Activation of STAT6 by STING is critical for antiviral innate immunity. Cell, 147 (2): 436-446.
Chen K, Liu J, Cao X. 2017. Regulation of type I interferon signaling in immunity and inflammation: A comprehensive review. Journal of Autoimmunity, 83: 1-11.
Chen Q, Sun L, Chen ZJ. 2016. Regulation and function of the cGAS-STING pathway of cytosolic DNA sensing. Nature Immunology, 17 (10): 1142-1149.
Chen Z, Benureau Y, Rijnbrand R, et al. 2007. GB virus B disrupts RIG-I signaling by NS3/4A-mediated cleavage of the adaptor protein MAVS. Journal of Virology, 81 (2): 964-976.
Chkheidze AN, Liebhaber SA. 2003. A novel set of nuclear localization signals determine distributions of the alphaCP RNA-binding proteins. Molecular and Cellular Biology, 23 (23): 8405-8415.
Choi YB, Shembade N, Parvatiyar K, et al. 2017. TAX1BP1 restrains virus-induced apoptosis by facilitating itch-mediated degradation of the mitochondrial adaptor MAVS. Molecular and Cellular Biology, 37 (1) .
Clement JF, Meloche S, Servant MJ. 2008. The IKK-related kinases: from innate immunity to oncogenesis. Cell Research, 18 (9): 889-899.
Cramer P, Muller CW. 1999. A firm hand on NFkappaB: structures of the IkappaBalpha-NFkappaB complex. Structure, 7 (1): R1-6.
Cui S, Eisenacher K, Kirchhofer A, et al. 2008. The C-terminal regulatory domain is the RNA 5'-triphosphate sensor of RIG-I. Molecular cell, 29 (2): 169-179.
Cusson-Hermance N, Khurana S, Lee TH, et al. 2005. Rip1 mediates the Trif-dependent toll-like receptor 3-and 4-induced NF-{kappa}B activation but does not contribute to interferon

regulatory factor 3 activation. The Journal of Biological Chemistry, 280 (44): 36560-36566.

Deng L, Zeng Q, Wang M, et al. 2018. Suppression of NF-kappaB activity: a viral immune evasion mechanism. Viruses, 10 (8) .

Deshaies RJ, Joazeiro CA. 2009. RING domain E3 ubiquitin ligases. Annual Review of Biochemistry, 78: 399-434.

Diebold SS, Kaisho T, Hemmi H, et al. 2004. Innate antiviral responses by means of TLR7-mediated recognition of single-stranded RNA. Science, 303 (5663): 1529-1531.

Diehl S, Rincon M. 2002. The two faces of IL-6 on Th1/Th2 differentiation. Molecular Immunology, 39 (9): 531-536.

Dixit E, Boulant S, Zhang Y, et al. 2010. Peroxisomes are signaling platforms for antiviral innate immunity. Cell, 141 (4): 668-681.

Dobbs N, Burnaevskiy N, Chen D, et al. 2015. STING activation by translocation from the ER is associated with infection and autoinflammatory disease. Cell Host & Microbe, 18 (2): 157-168.

Domingo-Gil E, Gonzalez JM, Esteban M. 2010. Identification of cellular genes induced in human cells after activation of the OAS/RNaseL pathway by vaccinia virus recombinants expressing these antiviral enzymes. Journal of Interferon & Cytokine Research: the Official Journal of the International Society for Interferon and Cytokine Research, 30 (3): 171-188.

Dos Santos PF, Mansur DS. 2017. Beyond ISGlylation: functions of free intracellular and extracellular ISG15. Journal of Interferon & Cytokine Research: the Official Journal of the International Society for Interferon and Cytokine Research, 37 (6): 246-253.

Drahos J, Racaniello VR. 2009. Cleavage of IPS-1 in cells infected with human rhinovirus. Journal of Virology, 83 (22): 11581-11587.

Du J, Zhang D, Zhang W, et al. 2015. pVHL negatively regulates antiviral signaling by targeting MAVS for proteasomal degradation. Journal of Immunology, 195 (4): 1782-1790.

Du Z, Fenn S, Tjhen R, et al. 2008. Structure of a construct of a human poly (C)-binding protein containing the first and second KH domains reveals insights into its regulatory mechanisms. The Journal of Biological Chemistry, 283 (42): 28757-28766.

Dustin LB. 2017. Innate and adaptive immune responses in chronic HCV infection. Current Drug targets, 18 (7): 826-843.

Espinoza-Lewis RA, Yang Q, Liu J, et al. 2017. Poly (C)-binding protein 1 (Pcbp1) regulates skeletal muscle differentiation by modulating microRNA processing in myoblasts. The Journal of Biological Chemistry, 292 (23): 9540-9550.

Evans JR, Mitchell SA, Spriggs KA, et al. 2003. Members of the poly (rC) binding protein family stimulate the activity of the c-myc internal ribosome entry segment in vitro and in vivo. Oncogene, 22 (39): 8012-8020.

Ewald SE, Lee BL, Lau L, et al. 2008. The ectodomain of Toll-like receptor 9 is cleaved to generate a functional receptor. Nature, 456 (7222): 658-662.

Fernandes-Alnemri T, Yu JW, Datta P, et al. 2009. AIM2 activates the inflammasome and cell death in response to cytoplasmic DNA. Nature, 458 (7237): 509-513.

Fitzgerald KA, McWhirter SM, Faia KL, et al. 2003. IKKepsilon and TBK1 are essential components of the IRF3 signaling pathway. Nature Immunology, 4 (5): 491-496.

Fukui R, Saitoh S, Kanno A, et al. 2011. Unc93B1 restricts systemic lethal inflammation by orchestrating Toll-like receptor 7 and 9 trafficking. Immunity, 35 (1): 69-81.

Gack MU, Shin YC, Joo CH, et al. 2007. TRIM25 RING-finger E3 ubiquitin ligase is essential for RIG-I-mediated antiviral activity. Nature, 446 (7138): 916-920.

Gao D, Wu J, Wu YT, et al. 2013. Cyclic GMP-AMP synthase is an innate immune sensor of HIV and other retroviruses. Science, 341 (6148): 903-906.

Gao D, Yang YK, Wang RP, et al. 2009. REUL is a novel E3 ubiquitin ligase and stimulator of retinoic-acid-inducible gene-I. PloS One, 4 (6): e5760.

Garcia MA, Gil J, Ventoso I, et al. 2006. Impact of protein kinase PKR in cell biology: from antiviral to antiproliferative action. Microbiology and Molecular Biology Reviews: MMBR, 70 (4): 1032-1060.

Ger M, Kaupinis A, Petrulionis M, et al. 2018. Proteomic identification of FLT3 and PCBP3 as potential prognostic biomarkers for pancreatic cancer. Anticancer Research, 38 (10): 5759-5765.

Ghosh S, Dass JF. 2016. Study of pathway cross-talk interactions with NF-kappaB leading to its activation via ubiquitination or phosphorylation: a brief review. Gene, 584 (1): 97-109.

Gohda J, Matsumura T, Inoue J. 2004. Cutting edge: TNFR-associated factor (TRAF) 6 is essential for MyD88-dependent pathway but not toll/IL-1 receptor domain-containing adaptor-inducing IFN-beta (TRIF)-dependent pathway in TLR signaling. Journal of Immunology, 173 (5): 2913-2917.

Gottipati S, Rao NL, Fung-Leung WP. 2008. IRAK1: a critical signaling mediator of innate immunity. Cellular Signalling, 20 (2): 269-276.

Goubau D, Rehwinkel J, Reise Sousa C. 2010. PYHIN proteins: center stage in DNA sensing. Nature Immunology, 11 (11): 984-986.

Guo H, Konig R, Deng M, et al. 2016. NLRX1 Sequesters STING to negatively regulate the interferon response, thereby facilitating the replication of HIV-1 and DNA viruses. Cell Host & Microbe, 19 (4): 515-528.

Hacker H, Redecke V, Blagoev B, et al. 2006. Specificity in Toll-like receptor signalling through distinct effector functions of TRAF3 and TRAF6. Nature, 439 (7073): 204-207.

Hamilton JA, Hsu HC, Mountz JD. 2018. Role of production of type I interferons by B cells in the mechanisms and pathogenesis of systemic lupus erythematosus. Discovery Medicine, 25 (135): 21-29.

Hamon MA, Quintin J. 2016. Innate immune memory in mammals. Seminars in Immunology, 28 (4): 351-358.

Hartmann G. 2017. Nucleic Acid Immunity. Advances in Immunology, 133: 121-169.

Hayday AC, Spencer J. 2009. Barrier immunity. Seminars in Immunology, 21 (3): 99-100.

Heil F, Hemmi H, Hochrein H, et al. 2004. Species-specific recognition of single-stranded RNA via toll-like receptor 7 and 8. Science, 303 (5663): 1526-1529.

Hemmi H, Kaisho T, Takeuchi O, et al. 2002. Small anti-viral compounds activate immune cells via the TLR7 MyD88-dependent signaling pathway. Nature Immunology, 3 (2): 196-200.

Hermann M, Bogunovic D. 2017. ISG15: In sickness and in health. Trends in Immunology, 38 (2): 79-93.

Hess J, Angel P, Schorpp-Kistner M. 2004. AP-1 subunits: quarrel and harmony among siblings. Journal of Cell Science, 117 (pt 25): 5965-5973.

Hiscott J. 2007. Triggering the innate antiviral response through IRF-3 activation. The Journal of Biological Chemistry, 282 (21): 15325-15329.

Hochrein H, Schlatter B, O'Keeffe M, et al. 2004. Herpes simplex virus type-1 induces IFN-alpha production via Toll-like receptor 9-dependent and-independent pathways. Proceedings of the National Academy of Sciences of the United States of America, 101 (31): 11416-11421.

Honda K, Yanai H, Mizutani T, et al. 2004. Role of a transductional-transcriptional processor complex involving MyD88 and IRF-7 in Toll-like receptor signaling. Proceedings of the National Academy of Sciences of the United States of America, 101 (43): 15416-15421.

Hornung V, Ablasser A, Charrel-Dennis M, et al. 2009. AIM2 recognizes cytosolic dsDNA and forms a caspase-1-activating inflammasome with ASC. Nature, 458 (7237): 514-518.

Hornung V, Barchet W, Schlee M, et al. 2008. RNA recognition via TLR7 and TLR8. Handbook of Experimental Pharmacology, (83): 71-86.

Hornung V, Ellegast J, Kim S, et al. 2006. 5'-Triphosphate RNA is the ligand for RIG-I. Science, 314 (5801): 994-997.

Hoshino K, Sugiyama T, Matsumoto M, et al. 2006. IkappaB kinase-alpha is critical for interferon-alpha production induced by Toll-like receptors 7 and 9. Nature, 440 (7086): 949-953.

Hu MM, Yang Q, Xie XQ, et al. 2016. Sumoylation promotes the stability of the DNA sensor cGAS and the adaptor STING to regulate the kinetics of response to DNA virus. Immunity, 45 (3): 555-569.

Ikeda F, Hecker CM, Rozenknop A, et al. 2007. Involvement of the ubiquitin-like domain of TBK1/IKK-i kinases in regulation of IFN-inducible genes. The EMBO Journal, 26 (14): 3451-3462.

Ishii KJ, Akira S. 2006. Innate immune recognition of, and regulation by, DNA. Trends in Immunology, 27 (11): 525-532.

Ishikawa H, Barber GN. 2008. STING is an endoplasmic reticulum adaptor that facilitates innate immune signalling. Nature, 455 (7213): 674-678.

Ishikawa H, Barber GN. 2011. The STING pathway and regulation of innate immune signaling in response to DNA pathogens. Cellular and Molecular Life Sciences: CMLS, 68 (7): 1157-1165.

Ishikawa H, Ma Z, Barber GN. 2009. STING regulates intracellular DNA-mediated, type I interferon-dependent innate immunity. Nature, 461 (7265): 788-792.

Israel A. 2010. The IKK complex, a central regulator of NF-kappaB activation. Cold Spring Harbor Perspectives in Biology, 2 (3): a000158.

Jacobs JL, Coyne CB. 2013. Mechanisms of MAVS regulation at the mitochondrial membrane. Journal of Molecular Biology, 425 (24): 5009-5019.

Janeway CA. 1989. The role of CD4 in T-cell activation: accessory molecule or co-receptor? Immunology Today, 10 (7): 234-238.

Janeway CA, Rojo J, Saizawa K, et al. 1989. The co-receptor function of murine CD4. Immunological Reviews, 109: 77-92.

Jasper H, Bohmann D. 2002. Drosophila innate immunity: a genomic view of pathogen defense. Molecular Cell, 10 (5): 967-969.

Jia Y, Song T, Wei C, et al. 2009. Negative regulation of MAVS-mediated innate immune response by PSMA7. Journal of Immunology, 183 (7): 4241-4248.

Jiang QX. 2018. Structural variability in the RLR-MAVS pathway and sensitive detection of viral RNAs. Medicinal Chemistry, 15 (5): 443-458.

Jiang Z, Ninomiya-Tsuji J, Qian Y, et al. 2002. Interleukin-1 (IL-1) receptor-associated kinase-dependent IL-1-induced signaling complexes phosphorylate TAK1 and TAB2 at the plasma membrane and activate TAK1 in the cytosol. Molecular and Cellular Biology, 22 (20): 7158-7167.

Jounai N, Takeshita F, Kobiyama K, et al. 2007. The Atg5 Atg12 conjugate associates with innate antiviral immune responses. Proceedings of the National Academy of Sciences of the United States of America, 104 (35): 14050-14055.

Jurk M, Heil F, Vollmer J, et al. 2002. Human TLR7 or TLR8 independently confer responsiveness to the antiviral compound R-848. Nature Immunology, 3 (6): 499.

Kappelmann M, Bosserhoff A, Kuphal S. 2014. AP-1/c-Jun transcription factors: regulation and

function in malignant melanoma. European Journal of Cell Biology, 93 (1-2): 76-81.
Karin M, Liu Z, Zandi E. 1997. AP-1 function and regulation. Current Opinion in Cell Biology, 9 (2): 240-246.
Kato H, Takeuchi O, Mikamo-Satoh E, et al. 2008. Length-dependent recognition of double-stranded ribonucleic acids by retinoic acid-inducible gene-I and melanoma differentiation-associated gene 5. The Journal of Experimental Medicine, 205 (7): 1601-1610.
Kato H, Takeuchi O, Sato S, et al. 2006. Differential roles of MDA5 and RIG-I helicases in the recognition of RNA viruses. Nature, 441 (7089): 101-105.
Kawai T, Adachi O, Ogawa T, et al. 1999. Unresponsiveness of MyD88-deficient mice to endotoxin. Immunity, 11 (1): 115-122.
Kawai T, Akira S. 2006. Innate immune recognition of viral infection. Nature Immunology, 7 (2): 131-137.
Kawai T, Akira S. 2007. TLR signaling. Seminars in Immunology, 19 (1): 24-32.
Kawai T, Akira S. 2008. Toll-like receptor and RIG-I-like receptor signaling. Annals of the New York Academy of Sciences, 1143: 1-20.
Kawai T, Akira S. 2010. The role of pattern-recognition receptors in innate immunity: update on Toll-like receptors. Nature Immunology, 11 (5): 373-384.
Kawai T, Sato S, Ishii KJ, et al. 2004. Interferon-alpha induction through Toll-like receptors involves a direct interaction of IRF7 with MyD88 and TRAF6. Nature Immunology, 5 (10): 1061-1068.
Kawai T, Takahashi K, Sato S, et al. 2005. IPS-1, an adaptor triggering RIG-I-and Mda5-mediated type I interferon induction. Nature Immunology, 6 (10): 981-988.
Khoo JJ, Forster S, Mansell A. 2011. Toll-like receptors as interferon-regulated genes and their role in disease. Journal of Interferon & Cytokine Research: The Official Journal of the International Society for Interferon and Cytokine Research, 31 (1): 13-25.
Kiledjian M, Wang X, Liebhaber SA. 1995. Identification of two KH domain proteins in the alpha-globin mRNP stability complex. The EMBO Journal, 14 (17): 4357-4364.
Kim SS, Pandey KK, Choi HS, et al. 2005. Poly (C) binding protein family is a transcription factor in mu-opioid receptor gene expression. Molecular Pharmacology, 68 (3): 729-736.
Kim TK, Maniatis T. 1997. The mechanism of transcriptional synergy of an in vitro assembled interferon-beta enhanceosome. Molecular Cell, 1 (1): 119-129.
Kim YM, Brinkmann MM, Paquet ME, et al. 2008. UNC93B1 delivers nucleotide-sensing toll-like receptors to endolysosomes. Nature, 452 (7184): 234-238.
Kirk P, Bazan JF. 2005. Pathogen recognition: TLRs throw us a curve. Immunity, 23 (4): 347-350.
Klein RS, Garber C, Funk KE, et al. 2019. Neuroinflammation during RNA viral infections. Annual Review of Immunology, 37: 73-95.
Kretschmer S, Lee-Kirsch MA. 2017. Type I interferon-mediated autoinflammation and autoimmunity. Current Opinion in Immunology, 49: 96-102.
Krishnan R, Girish Babu P, Jeena K, et al. 2018. Molecular characterization, ontogeny and expression profiling of mitochondrial antiviral signaling adapter, MAVS from asian seabass lates calcarifer, Bloch (1790) . Developmental and Comparative Immunology, 79: 175-185.
Krug A, French AR, Barchet W, et al. 2004a. TLR9-dependent recognition of MCMV by IPC and DC generates coordinated cytokine responses that activate antiviral NK cell function. Immunity, 21 (1): 107-119.
Krug A, Luker GD, Barchet W, et al. 2004b. Herpes simplex virus type 1 activates murine natural interferon-producing cells through toll-like receptor 9. Blood, 103 (4): 1433-1437.
Kumagai Y, Takeuchi O, Kato H, et al. 2007. Alveolar macrophages are the primary interferon-alpha

producer in pulmonary infection with RNA viruses. Immunity, 27 (2): 240-252.

Kumar M, Jung SY, Hodgson AJ, et al. 2011. Hepatitis B virus regulatory HBx protein binds to adaptor protein IPS-1 and inhibits the activation of beta interferon. Journal of Virology, 85 (2): 987-995.

Kwon YT, Ciechanover A. 2017. The ubiquitin code in the ubiquitin-proteasome system and autophagy. Trends in Biochemical Sciences, 42 (11): 873-886.

Kyriakis JM. 1999. Activation of the AP-1 transcription factor by inflammatory cytokines of the TNF family. Gene Expression, 7 (4-6): 217-231.

Lassig C, Hopfner KP. 2017. Discrimination of cytosolic self and non-self RNA by RIG-I-like receptors. The Journal of Biological Chemistry, 292 (22): 9000-9009.

Le Goffic R, Balloy V, Lagranderie M, et al. 2006. Detrimental contribution of the Toll-like receptor (TLR) 3 to influenza A virus-induced acute pneumonia. PLoS Pathogens, 2 (6): e53.

Lee BL, Moon JE, Shu JH, et al. 2013. UNC93B1 mediates differential trafficking of endosomal TLRs. eLife, 2: e00291.

Lee EY, Lee HC, Kim HK, et al. 2016. Infection-specific phosphorylation of glutamyl-prolyl tRNA synthetase induces antiviral immunity. Nature Immunology, 17 (11): 1252-1262.

Lee YH, Ha Y, Chae C. 2010. Expression of interferon-alpha and Mx protein in the livers of pigs experimentally infected with swine hepatitis E virus. Journal of Comparative Pathology, 142 (2-3): 187-192.

Lee-Kirsch MA. 2017. The type I interferonopathies. Annual Review of Medicine, 68: 297-315.

Leffers H, Dejgaard K, Celis JE. 1995. Characterisation of two major cellular poly (rC)-binding human proteins, each containing three K-homologous (KH) domains. European Journal of Biochemistry, 230 (2): 447-453.

Lei CQ, Zhong B, Zhang Y, et al. 2010. Glycogen synthase kinase 3beta regulates IRF3 transcription factor-mediated antiviral response via activation of the kinase TBK1. Immunity, 33 (6): 878-889.

Lei J, Yin X, Shang H, et al. 2019. IP-10 is highly involved in HIV infection. Cytokine, 115: 97-103.

Lei Y, Moore CB, Liesman RM, et al. 2009. MAVS-mediated apoptosis and its inhibition by viral proteins. PloS One, 4 (5): e5466.

Leighton SP, Nerurkar L, Krishnadas R, et al. 2018. Chemokines in depression in health and in inflammatory illness: a systematic review and meta-analysis. Molecular Psychiatry, 23 (1): 48-58.

Lemon SM. 2010. Induction and evasion of innate antiviral responses by hepatitis C virus. The Journal of Biological Chemistry, 285 (30): 22741-22747.

Lester SN, Li K. 2014. Toll-like receptors in antiviral innate immunity. Journal of Molecular Biology, 426 (6): 1246-1264.

Levy DE, Marie I, Smith E, et al. 2002. Enhancement and diversification of IFN induction by IRF-7-mediated positive feedback. Journal of Interferon & Cytokine Research: The Official Journal of the International Society for Interferon and Cytokine Research, 22 (1): 87-93.

Li K, Foy E, Ferreon JC, et al. 2005a. Immune evasion by hepatitis C virus NS3/4A protease-mediated cleavage of the Toll-like receptor 3 adaptor protein TRIF. Proceedings of the National Academy of Sciences of the United States of America, 102 (8): 2992-2997.

Li X, Fu Z, Liang H, et al. 2018. H5N1 influenza virus-specific miRNA-like small RNA increases cytokine production and mouse mortality via targeting poly (rC)-binding protein 2. Cell Research, 28 (2): 157-171.

Li X, Stark GR. 2002. NFkappaB-dependent signaling pathways. Experimental Hematology, 30 (4): 285-296.

Li XD, Sun L, Seth RB, et al. 2005b. Hepatitis C virus protease NS3/4A cleaves mitochondrial antiviral signaling protein off the mitochondria to evade innate immunity. Proceedings of the National Academy of Sciences of the United States of America, 102 (49): 17717-17722.

Li XD, Wu J, Gao D, et al. 2013. Pivotal roles of cGAS-cGAMP signaling in antiviral defense and immune adjuvant effects. Science, 341 (6152): 1390-1394.

Li Z, Liu G, Sun L, et al. 2015. PPM1A regulates antiviral signaling by antagonizing TBK1-mediated STING phosphorylation and aggregation. PLoS Pathogens, 11 (3): e1004783.

Lim KH, Staudt LM. 2013. Toll-like receptor signaling. Cold Spring Harbor Perspectives in Biology, 5 (1): a011247.

Lippmann J, Rothenburg S, Deigendesch N, et al. 2008. IFNbeta responses induced by intracellular bacteria or cytosolic DNA in different human cells do not require ZBP1 (DLM-1/DAI) . Cellular Microbiology, 10 (12): 2579-2588.

Liu B, Gao C. 2018. Regulation of MAVS activation through post-translational modifications. Current Opinion in Immunology, 50: 75-81.

Liu P, Li K, Garofalo RP, et al. 2008. Respiratory syncytial virus induces RelA release from cytoplasmic 100-kDa NF-kappa B2 complexes via a novel retinoic acid-inducible gene-I{middle dot}NF-kappa B-inducing kinase signaling pathway. The Journal of Biological Chemistry, 283 (34): 23169-23178.

Liu S, Cai X, Wu J, et al. 2015. Phosphorylation of innate immune adaptor proteins MAVS, STING, and TRIF induces IRF3 activation. Science, 347 (6227): aaa2630.

Liu XY, Wei B, Shi HX, et al. 2010. Tom70 mediates activation of interferon regulatory factor 3 on mitochondria. Cell Research, 20 (9): 994-1011.

Liu Z, Davidson A. 2012. Taming lupus-a new understanding of pathogenesis is leading to clinical advances. Nature Medicine, 18 (6): 871-882.

Lund J, Sato A, Akira S, et al. 2003. Toll-like receptor 9-mediated recognition of Herpes simplex virus-2 by plasmacytoid dendritic cells. The Journal of Experimental Medicine, 198 (3): 513-520.

Lund JM, Alexopoulou L, Sato A, et al. 2004. Recognition of single-stranded RNA viruses by Toll-like receptor 7. Proceedings of the National Academy of Sciences of the United States of America, 101 (15): 5598-5603.

Luo WW, Li S, Li C, et al. 2016. iRhom2 is essential for innate immunity to DNA viruses by mediating trafficking and stability of the adaptor STING. Nature Immunology, 17 (9): 1057-1066.

Luo WW, Shu HB. 2018. Delicate regulation of the cGAS-MITA-mediated innate immune response. Cellular & Molecular Immunology, 15 (7): 666-675.

Maini MK, Gehring AJ. 2016. The role of innate immunity in the immunopathology and treatment of HBV infection. Journal of Hepatology, 64 (1 suppl): S60-S70.

Majoros A, Platanitis E, Kernbauer-Holzl E, et al. 2017. Canonical and non-canonical aspects of JAK-STAT signaling: lessons from interferons for cytokine responses. Frontiers in Immunology, 8: 29.

Makeyev AV, Chkheidze AN, Liebhaber SA. 1999. A set of highly conserved RNA-binding proteins, alphaCP-1 and alphaCP-2, implicated in mRNA stabilization, are coexpressed from an intronless gene and its intron-containing paralog. The Journal of Biological Chemistry, 274 (35): 24849-24857.

Makeyev AV, Liebhaber SA. 2002. The poly (C)-binding proteins: a multiplicity of functions and a search for mechanisms. Rna, 8 (3): 265-278.

Malkiel S, Barlev AN, Atisha-Fregoso Y, et al. 2018. Plasma cell differentiation pathways in systemic lupus erythematosus. Frontiers in Immunology, 9: 427.

Mancino A, Natoli G. 2016. Specificity and function of IRF family transcription factors: insights from genomics. Journal of Interferon & Cytokine Research: The Official Journal of the International Society for Interferon and Cytokine Research, 36 (7): 462-469.

Markowitz CE. 2007. Interferon-beta: mechanism of action and dosing issues. Neurology, 68 (24 suppl 4): S8-11.

Marsollier N, Ferre P, Foufelle F. 2011. Novel insights in the interplay between inflammation and metabolic diseases: a role for the pathogen sensing kinase PKR. Journal of Hepatology, 54 (6): 1307-1309.

McInerney GM, Karlsson Hedestam GB. 2009. Direct cleavage, proteasomal degradation and sequestration: three mechanisms of viral subversion of type I interferon responses. Journal of Innate Immunity, 1 (6): 599-606.

McWhirter SM, Tenoever BR, Maniatis T. 2005. Connecting mitochondria and innate immunity. Cell, 122 (5): 645-647.

Melchjorsen J, Jensen SB, Malmgaard L, et al. 2005. Activation of innate defense against a paramyxovirus is mediated by RIG-I and TLR7 and TLR8 in a cell-type-specific manner. Journal of Virology, 79 (20): 12944-12951.

Meurs EF, Breiman A. 2007. The interferon inducing pathways and the hepatitis C virus. World Journal of Gastroenterology, 13 (17): 2446-2454.

Meylan E, Curran J, Hofmann K, et al. 2005. Cardif is an adaptor protein in the RIG-I antiviral pathway and is targeted by hepatitis C virus. Nature, 437 (7062): 1167-1172.

Michallet MC, Meylan E, Ermolaeva MA, et al. 2008. TRADD protein is an essential component of the RIG-like helicase antiviral pathway. Immunity, 28 (5): 651-661.

Miyake K, Shibata T, Ohto U, et al. 2018. Mechanisms controlling nucleic acid-sensing Toll-like receptors. International Immunology, 30 (2): 43-51.

Mogensen TH. 2018. IRF and STAT transcription factors-from basic biology to roles in infection, protective immunity, and primary immunodeficiencies. Frontiers in Immunology, 9: 3047.

Moore CB, Bergstralh DT, Duncan JA, et al. 2008. NLRX1 is a regulator of mitochondrial antiviral immunity. Nature, 451 (7178): 573-577.

Moore CB, Ting JP. 2008. Regulation of mitochondrial antiviral signaling pathways. Immunity, 28 (6): 735-739.

Mukhopadhyay D, Riezman H. 2007. Proteasome-independent functions of ubiquitin in endocytosis and signaling. Science, 315 (5809): 201-205.

Murdaca G, Spano F, Contatore M, et al. 2015. Infection risk associated with anti-TNF-alpha agents: a review. Expert Opinion on Drug Safety, 14 (4): 571-582.

Murray KE, Roberts AW, Barton DJ. 2001. Poly (rC) binding proteins mediate poliovirus mRNA stability. Rna, 7 (8): 1126-1141.

Murthy AS, Leslie K. 2016. Autoinflammatory skin disease: a review of concepts and applications to general dermatology. Dermatology, 232 (5): 534-540.

Nakhaei P, Hiscott J, Lin R. 2010. STING-ing the antiviral pathway. Journal of Molecular Cell Biology, 2 (3): 110-112.

Nallagatla SR, Toroney R, Bevilacqua PC. 2011. Regulation of innate immunity through RNA structure and the protein kinase PKR. Current Opinion in Structural Biology, 21 (1): 119-127.

Nan Y, Wu C, Zhang YJ. 2017. Interplay between janus kinase/signal transducer and activator of transcription signaling activated by type I interferons and viral antagonism. Frontiers in

Immunology, 8: 1758.

Narendra SC, Chalise JP, Hook N, et al. 2014. Dendritic cells activated by double-stranded RNA induce arthritis via autocrine type I IFN signaling. Journal of Leukocyte Biology, 95 (4): 661-666.

Negishi H, Taniguchi T, Yanai H. 2018. The interferon (IFN) class of cytokines and the IFN regulatory factor (IRF) transcription factor family. Cold Spring Harbor Perspectives in Biology, 10 (11): pii: ao28423.

Oganesyan G, Saha SK, Guo B, et al. 2006. Critical role of TRAF3 in the Toll-like receptor-dependent and-independent antiviral response. Nature, 439 (7073): 208-211.

O'Neill LA, Bowie AG. 2010. Sensing and signaling in antiviral innate immunity. Current Biology: CB, 20 (7): R328-333.

Oshiumi H, Matsumoto M, Hatakeyama S, et al. 2009. Riplet/RNF135, a RING finger protein, ubiquitinates RIG-I to promote interferon-beta induction during the early phase of viral infection. The Journal of Biological Chemistry, 284 (2): 807-817.

Pan Y, Li R, Meng JL, et al. 2014. Smurf2 negatively modulates RIG-I-dependent antiviral response by targeting VISA/MAVS for ubiquitination and degradation. Journal of Immunology, 192 (10): 4758-4764.

Panne D. 2008. The enhanceosome. Current Opinion in Structural Biology, 18 (2): 236-242.

Park B, Brinkmann MM, Spooner E, et al. 2008. Proteolytic cleavage in an endolysosomal compartment is required for activation of Toll-like receptor 9. Nature Immunology, 9 (12): 1407-1414.

Park HS, Kim YJ, Bae YK, et al. 2007. Differential expression patterns of IRF3 and IRF7 in pediatric lymphoid disorders. The International Journal of Biological Markers, 22 (1): 34-38.

Park MH, Hong JT. 2016. Roles of NF-kappaB in cancer and inflammatory diseases and their therapeutic approaches. Cells, 5 (2) . Pii: E15.

Paz S, Sun Q, Nakhaei P, et al. 2006. Induction of IRF-3 and IRF-7 phosphorylation following activation of the RIG-I pathway. Cellular and Molecular Biology, 52 (1): 17-28.

Paz S, Vilasco M, Werden SJ, et al. 2011. A functional C-terminal TRAF3-binding site in MAVS participates in positive and negative regulation of the IFN antiviral response. Cell Research, 21 (6): 895-910.

Perry ST, Prestwood TR, Lada SM, et al. 2009. Cardif-mediated signaling controls the initial innate response to dengue virus in vivo. Journal of Virology, 83 (16): 8276-8281.

Pichlmair A, Schulz O, Tan CP, et al. 2006. RIG-I-mediated antiviral responses to single-stranded RNA bearing 5'-phosphates. Science, 314 (5801): 997-1001.

Pluddemann A, Mukhopadhyay S, Gordon S. 2011. Innate immunity to intracellular pathogens: macrophage receptors and responses to microbial entry. Immunological Reviews, 240 (1): 11-24.

Poltorak A, He X, Smirnova I, et al. 1998. Defective LPS signaling in C3H/HeJ and C57BL/10ScCr mice: mutations in Tlr4 gene. Science, 282 (5396): 2085-2088.

Pothlichet J, Niewold TB, Vitour D, et al. 2011. A loss-of-function variant of the antiviral molecule MAVS is associated with a subset of systemic lupus patients. EMBO Molecular Medicine, 3 (3): 142-152.

Potter JA, Randall RE, Taylor GL. 2008. Crystal structure of human IPS-1/MAVS/VISA/Cardif caspase activation recruitment domain. BMC Structural biology, 8: 11.

Prinarakis E, Chantzoura E, Thanos D, et al. 2008. S-glutathionylation of IRF3 regulates IRF3-CBP interaction and activation of the IFN beta pathway. The EMBO Journal, 27 (6): 865-875.

Qin Y, Xue B, Liu C, et al. 2017. NLRX1 mediates MAVS degradation to attenuate the hepatitis C virus-Induced innate immune response through PCBP2. Journal of Virology, 91 (23): pii:

e01264-17.
Qin Y, Zhou MT, Hu MM, et al. 2014. RNF26 temporally regulates virus-triggered type I interferon induction by two distinct mechanisms. PLoS Pathogens, 10 (9): e1004358.
Quicke KM, Diamond MS, Suthar MS. 2017. Negative regulators of the RIG-I-like receptor signaling pathway. European Journal of Immunology, 47 (4): 615-628.
Raftery N, Stevenson NJ. 2017. Advances in anti-viral immune defence: revealing the importance of the IFN JAK/STAT pathway. Cellular and Molecular Life Sciences: CMLS, 74 (14): 2525-2535.
Richards KH, Macdonald A. 2011. Putting the brakes on the anti-viral response: negative regulators of type I interferon (IFN) production. Microbes and Infection, 13 (4): 291-302.
Roberts TL, Idris A, Dunn JA, et al. 2009. HIN-200 proteins regulate caspase activation in response to foreign cytoplasmic DNA. Science, 323 (5917): 1057-1060.
Rongvaux A. 2018. Innate immunity and tolerance toward mitochondria. Mitochondrion, 41: 14-20.
Ronnblom L, Alm GV, Eloranta ML. 2011. The type I interferon system in the development of lupus. Seminars in Immunology, 23 (2): 113-121.
Rose NR. 2016. Prediction and prevention of autoimmune disease in the 21st century: a review and preview. American Journal of Epidemiology, 183 (5): 403-406.
Rudd BD, Smit JJ, Flavell RA, et al. 2006. Deletion of TLR3 alters the pulmonary immune environment and mucus production during respiratory syncytial virus infection. Journal of Immunology, 176 (3): 1937-1942.
Saez-Cirion A, Manel N. 2018. Immune responses to retroviruses. Annual Review of Immunology, 36: 193-220.
Saito T, Gale M, 2008. Differential recognition of double-stranded RNA by RIG-I-like receptors in antiviral immunity. The Journal of Experimental Medicine, 205 (7): 1523-1527.
Saito T, Hirai R, Loo YM, et al. 2007. Regulation of innate antiviral defenses through a shared repressor domain in RIG-I and LGP2. Proceedings of the National Academy of Sciences of the United States of America, 104 (2): 582-587.
Saito T, Owen DM, Jiang F, et al. 2008. Innate immunity induced by composition-dependent RIG-I recognition of hepatitis C virus RNA. Nature, 454 (7203): 523-527.
Saitoh T, Fujita N, Hayashi T, et al. 2009. Atg9a controls dsDNA-driven dynamic translocation of STING and the innate immune response. Proceedings of the National Academy of Sciences of the United States of America, 106 (49): 20842-20846.
Santhakumar D, Rubbenstroth D, Martinez-Sobrido L, et al. 2017. Avian interferons and their antiviral effectors. Frontiers in Immunology, 8: 49.
Sarkar D, Desalle R, Fisher PB. 2008. Evolution of MDA-5/RIG-I-dependent innate immunity: independent evolution by domain grafting. Proceedings of the National Academy of Sciences of the United States of America, 105 (44): 17040-17045.
Sasai M, Tatematsu M, Oshiumi H, et al. 2010. Direct binding of TRAF2 and TRAF6 to TICAM-1/TRIF adaptor participates in activation of the Toll-like receptor 3/4 pathway. Molecular Immunology, 47 (6): 1283-1291.
Savitsky D, Tamura T, Yanai H, et al. 2010. Regulation of immunity and oncogenesis by the IRF transcription factor family. Cancer Immunology, Immunotherapy: CII, 59 (4): 489-510.
Schafer C, Ascui G, Ribeiro CH, et al. 2017. Innate immune cells for immunotherapy of autoimmune and cancer disorders. International Reviews of Immunology, 36 (6): 315-337.
Schlee M, Roth A, Hornung V, et al. 2009. Recognition of 5' triphosphate by RIG-I helicase requires short blunt double-stranded RNA as contained in panhandle of negative-strand virus. Immunity, 31 (1): 25-34.

Schmidt A, Schwerd T, Hamm W, et al. 2009. 5'-triphosphate RNA requires base-paired structures to activate antiviral signaling via RIG-I. Proceedings of the National Academy of Sciences of the United States of America, 106 (29): 12067-12072.

Schneider G, Kramer OH. 2011. NFkappaB/p53 crosstalk-a promising new therapeutic target. Biochimica et Biophysica Acta, 1815 (1): 90-103.

Schneider WM, Chevillotte MD, Rice CM. 2014. Interferon-stimulated genes: a complex web of host defenses. Annual Review of Immunology, 32: 513-545.

Schonthaler HB, Guinea-Viniegra J, Wagner EF. 2011. Targeting inflammation by modulating the Jun/AP-1 pathway. Annals of the Rheumatic Diseases, 70: (Suppl 1): i109-112.

Schroder M, Bowie AG. 2005. TLR3 in antiviral immunity: key player or bystander? Trends in Immunology, 26 (9): 462-468.

Scott O, Roifman CM. 2019. NF-kappaB pathway and the goldilocks principle: lessons from human disorders of immunity and inflammation. The Journal of Allergy and Clinical Immunology, 143 (5): 1688-1701.

Scoumanne A, Cho SJ, Zhang J, et al. 2011. The cyclin-dependent kinase inhibitor p21 is regulated by RNA-binding protein PCBP4 via mRNA stability. Nucleic Acids Research, 39 (1): 213-224.

Seth RB, Sun L, Ea CK, et al. 2005. Identification and characterization of MAVS, a mitochondrial antiviral signaling protein that activates NF-kappaB and IRF 3. Cell, 122 (5): 669-682.

Shi CS, Qi HY, Boularan C, et al. 2014. SARS-coronavirus open reading frame-9b suppresses innate immunity by targeting mitochondria and the MAVS/TRAF3/TRAF6 signalosome. Journal of Immunology, 193 (6): 3080-3089.

Shih VF, Tsui R, Caldwell A, et al. 2011. A single NFkappaB system for both canonical and non-canonical signaling. Cell Research, 21 (1): 86-102.

Sklan EH, Charuworn P, Pang PS, et al. 2009. Mechanisms of HCV survival in the host. Nature Reviews Gastroenterology & Hepatology, 6 (4): 217-227.

Snell LM, McGaha TL, Brooks DG. 2017. Type I Interferon in chronic virus infection and cancer. Trends in Immunology, 38 (8): 542-557.

Song T, Wei C, Zheng Z, et al. 2010. c-Abl tyrosine kinase interacts with MAVS and regulates innate immune response. FEBS Letters, 584 (1): 33-38.

Soucy-Faulkner A, Mukawera E, Fink K, et al. 2010. Requirement of NOX2 and reactive oxygen species for efficient RIG-I-mediated antiviral response through regulation of MAVS expression. PLoS Pathogens, 6 (6): e1000930.

Stetson DB, Medzhitov R. 2006. Recognition of cytosolic DNA activates an IRF3-dependent innate immune response. Immunity, 24 (1): 93-103.

Sun L, Wu J, Du F, et al. 2013. Cyclic GMP-AMP synthase is a cytosolic DNA sensor that activates the type I interferon pathway. Science, 339 (6121): 786-791.

Sun Q, Sun L, Liu HH, et al. 2006. The specific and essential role of MAVS in antiviral innate immune responses. Immunity, 24 (5): 633-642.

Sun W, Li Y, Chen L, et al. 2009. ERIS, an endoplasmic reticulum IFN stimulator, activates innate immune signaling through dimerization. Proceedings of the National Academy of Sciences of the United States of America, 106 (21): 8653-8658.

Swiecki M, Colonna M. 2015. The multifaceted biology of plasmacytoid dendritic cells. Nature Reviews Immunology, 15 (8): 471-485.

Tabeta K, Georgel P, Janssen E, et al. 2004. Toll-like receptors 9 and 3 as essential components of innate immune defense against mouse cytomegalovirus infection. Proceedings of the National Academy of Sciences of the United States of America, 101 (10): 3516-3521.

Takahashi K, Kawai T, Kumar H, et al. 2006. Roles of caspase-8 and caspase-10 in innate immune responses to double-stranded RNA. Journal of Immunology, 176 (8): 4520-4524.

Takahasi K, Yoneyama M, Nishihori T, et al. 2008. Nonself RNA-sensing mechanism of RIG-I helicase and activation of antiviral immune responses. Molecular Cell, 29 (4): 428-440.

Takeda K, Akira S. 2004. TLR signaling pathways. Seminars in Immunology, 16: 3-9.

Takeuchi O, Akira S. 2009. Innate immunity to virus infection. Immunological Reviews, 227 (1): 75-86.

Tamura T, Yanai H, Savitsky D, et al. 2008. The IRF family transcription factors in immunity and oncogenesis. Annual Review of Immunology, 26: 535-584.

Tan X, Sun L, Chen J, et al. 2018. Detection of microbial infections through innate immune sensing of nucleic acids. Annual Review of Microbiology, 72: 447-478.

Tanaka Y, Chen ZJ. 2012. STING specifies IRF3 phosphorylation by TBK1 in the cytosolic DNA signaling pathway. Science Signaling, 5 (214): ra20.

Tang SL, Gao YL, Chen XB. 2015. MicroRNA-214 targets PCBP2 to suppress the proliferation and growth of glioma cells. International Journal of Clinical and Experimental Pathology, 8 (10): 12571-12576.

Tao J, Zhou X, Jiang Z. 2016. cGAS-cGAMP-STING: the three musketeers of cytosolic DNA sensing and signaling. IUBMB Life, 68 (11): 858-870.

Tayal V, Kalra BS. 2008. Cytokines and anti-cytokines as therapeutics--an update. European Journal of Pharmacology, 579 (1-3): 1-12.

Triantafilou K, Orthopoulos G, Vakakis E, et al. 2005a. Human cardiac inflammatory responses triggered by Coxsackie B viruses are mainly Toll-like receptor (TLR) 8-dependent. Cellular Microbiology, 7 (8): 1117-1126.

Triantafilou K, Vakakis E, Orthopoulos G, et al. 2005b. TLR8 and TLR7 are involved in the host's immune response to human parechovirus 1. European Journal of Immunology, 35 (8): 2416-2423.

Tsuchida T, Zou J, Saitoh T, et al. 2010. The ubiquitin ligase TRIM56 regulates innate immune responses to intracellular double-stranded DNA. Immunity, 33 (5): 765-776.

Uematsu S, Sato S, Yamamoto M, et al. 2005. Interleukin-1 receptor-associated kinase-1 plays an essential role for Toll-like receptor (TLR) 7-and TLR9-mediated interferon-{alpha} induction. The Journal of Experimental Medicine, 201 (6): 915-923.

Unterholzner L, Keating SE, Baran M, et al. 2010. IFI16 is an innate immune sensor for intracellular DNA. Nature Immunology, 11 (11): 997-1004.

van der Pouw Kraan TC, Wijbrandts CA, van Baarsen LG, et al. 2007. Rheumatoid arthritis subtypes identified by genomic profiling of peripheral blood cells: assignment of a type I interferon signature in a subpopulation of patients. Annals of the Rheumatic Diseases, 66 (8): 1008-1014.

Vazquez C, Horner SM. 2015. MAVS Coordination of antiviral innate immunity. Journal of Virology, 89 (14): 6974-6977.

Vercammen E, Staal J, Beyaert R. 2008. Sensing of viral infection and activation of innate immunity by toll-like receptor 3. Clinical Microbiology Reviews, 21 (1): 13-25.

Verma R, Bharti K. 2017. Toll like receptor 3 and viral infections of nervous system. Journal of the Neurological Sciences, 372: 40-48.

Vitour D, Dabo S, Ahmadi Pour M, et al. 2009. Polo-like kinase 1 (PLK1) regulates interferon (IFN) induction by MAVS. The Journal of Biological Chemistry, 284 (33): 21797-21809.

Vo N, Goodman RH. 2001. CREB-binding protein and p300 in transcriptional regulation. The Journal of Biological Chemistry, 276 (17): 13505-13508.

Waggoner SA, Johannes GJ, Liebhaber SA. 2009. Depletion of the poly (C)-binding proteins alphaCP1 and alphaCP2 from K562 cells leads to p53-independent induction of cyclin-dependent kinase inhibitor (CDKN1A) and G1 arrest. The Journal of Biological Chemistry, 284 (14): 9039-9049.

Walter BL, Parsley TB, Ehrenfeld E, et al. 2002. Distinct poly (rC) binding protein KH domain determinants for poliovirus translation initiation and viral RNA replication. Journal of Virology, 76 (23): 12008-12022.

Wang J, Shao Y, Bennett TA, et al. 2006. The functional effects of physical interactions among Toll-like receptors 7, 8, and 9. The Journal of Biological Chemistry, 281 (49): 37427-37434.

Wang L, Toomey NL, Diaz LA, et al. 2011. Oncogenic IRFs provide a survival advantage for Epstein-Barr virus-or human T-cell leukemia virus type 1-transformed cells through induction of BIC expression. Journal of Virology, 85 (16): 8328-8337.

Wang Q, Liu X, Cui Y, et al. 2014. The E3 ubiquitin ligase AMFR and INSIG1 bridge the activation of TBK1 kinase by modifying the adaptor STING. Immunity, 41 (6): 919-933.

Wang T, Town T, Alexopoulou L, et al. 2004. Toll-like receptor 3 mediates West Nile virus entry into the brain causing lethal encephalitis. Nature Medicine, 10 (12): 1366-1373.

Wang W, Xu L, Su J, et al. 2017. Transcriptional regulation of antiviral interferon-stimulated genes. Trends in Microbiology, 25 (7): 573-584.

Wang Y, Lian Q, Yang B, et al. 2015. TRIM30alpha is a negative-feedback regulator of the intracellular DNA and DNA virus-triggered response by targeting STING. PLoS Pathogens, 11 (6): e1005012.

Wang Y, Tong X, Ye X. 2012. Ndfip1 negatively regulates RIG-I-dependent immune signaling by enhancing E3 ligase Smurf1-mediated MAVS degradation. Journal of Immunology, 189 (11): 5304-5313.

Wang YY, Liu LJ, Zhong B, et al. 2010. WDR5 is essential for assembly of the VISA-associated signaling complex and virus-triggered IRF3 and NF-kappaB activation. Proceedings of the National Academy of Sciences of the United States of America, 107 (2): 815-820.

Wilkins C, Gale M. 2010. Recognition of viruses by cytoplasmic sensors. Current Opinion in Immunology, 22 (1): 41-47.

Xia P, Wang S, Gao P, et al. 2016. DNA sensor cGAS-mediated immune recognition. Protein & Cell, 7 (11): 777-791.

Xia P, Wang S, Xiong Z, et al. 2015. IRTKS negatively regulates antiviral immunity through PCBP2 sumoylation-mediated MAVS degradation. Nature Communications, 6: 8132.

Xu L, Xiao N, Liu F, et al. 2009. Inhibition of RIG-I and MDA5-dependent antiviral response by gC1qR at mitochondria. Proceedings of the National Academy of Sciences of the United States of America, 106 (5): 1530-1535.

Xu LG, Wang YY, Han KJ, et al. 2005. VISA is an adapter protein required for virus-triggered IFN-beta signaling. Molecular Cell, 19 (6): 727-740.

Xu Y, Shen J, Ran Z. 2019. Emerging views of mitophagy in immunity and autoimmune diseases. Autophagy, 1-15.

Yang P, An H, Liu X, et al. 2010. The cytosolic nucleic acid sensor LRRFIP1 mediates the production of type I interferon via a beta-catenin-dependent pathway. Nature Immunology, 11 (6): 487-494.

Yang Y, Liang Y, Qu L, et al. 2007. Disruption of innate immunity due to mitochondrial targeting of a picornaviral protease precursor. Proceedings of the National Academy of Sciences of the United States of America, 104 (17): 7253-7258.

Yasukawa K, Oshiumi H, Takeda M, et al. 2009. Mitofusin 2 inhibits mitochondrial antiviral signaling. Science Signaling, 2 (84): ra47.

Yoneyama M, Fujita T. 2010. Recognition of viral nucleic acids in innate immunity. Reviews in Medical Virology, 20 (1): 4-22.

Yoneyama M, Kikuchi M, Matsumoto K, et al. 2005. Shared and unique functions of the DExD/H-box helicases RIG-I, MDA5, and LGP2 in antiviral innate immunity. Journal of Immunology, 175 (5): 2851-2858.

Yoneyama M, Kikuchi M, Natsukawa T, et al. 2004. The RNA helicase RIG-I has an essential function in double-stranded RNA-induced innate antiviral responses. Nature Immunology, 5 (7): 730-737.

Yoneyama M, Suhara W, Fujita T. 2002. Control of IRF-3 activation by phosphorylation. Journal of Interferon & Cytokine Research: The Official Journal of The International Society for Interferon and Cytokine Research, 22 (1): 73-76.

Yoo YS, Park YY, Kim JH, et al. 2015. The mitochondrial ubiquitin ligase MARCH5 resolves MAVS aggregates during antiviral signalling. Nature Communications, 6: 7910.

You F, Sun H, Zhou X, et al. 2009. PCBP2 mediates degradation of the adaptor MAVS via the HECT ubiquitin ligase AIP4. Nature Immunology, 10 (12): 1300-1308.

Zhang J, Hu MM, Wang YY, et al. 2012. TRIM32 protein modulates type I interferon induction and cellular antiviral response by targeting MITA/STING protein for K63-linked ubiquitination. The Journal of Biological Chemistry, 287 (34): 28646-28655.

Zhang L, Mo J, Swanson KV, et al. 2014. NLRC3, a member of the NLR family of proteins, is a negative regulator of innate immune signaling induced by the DNA sensor STING. Immunity, 40 (3): 329-341.

Zhang M, Wang X, Tan J, et al. 2016. Poly r (C) binding protein (PCBP) 1 is a negative regulator of thyroid carcinoma. American Journal of Translational Research, 8 (8): 3567-3573.

Zhang SY, Jouanguy E, Ugolini S, et al. 2007. TLR3 deficiency in patients with herpes simplex encephalitis. Science, 317 (5844): 1522-1527.

Zhang X, Shi H, Wu J, et al. 2013a. Cyclic GMP-AMP containing mixed phosphodiester linkages is an endogenous high-affinity ligand for STING. Molecular Cell, 51 (2): 226-235.

Zhang Z, Bao M, Lu N, et al. 2013b. The E3 ubiquitin ligase TRIM21 negatively regulates the innate immune response to intracellular double-stranded DNA. Nature Immunology, 14 (2): 172-178.

Zhong B, Yang Y, Li S, et al. 2008. The adaptor protein MITA links virus-sensing receptors to IRF3 transcription factor activation. Immunity, 29 (4): 538-550.

Zhong B, Zhang L, Lei C, et al. 2009. The ubiquitin ligase RNF5 regulates antiviral responses by mediating degradation of the adaptor protein MITA. Immunity, 30 (3): 397-407.

Zhong B, Zhang Y, Tan B, et al. 2010. The E3 ubiquitin ligase RNF5 targets virus-induced signaling adaptor for ubiquitination and degradation. Journal of Immunology, 184 (11): 6249-6255.

Zhou Q, Lin H, Wang S, et al. 2014. The ER-associated protein ZDHHC1 is a positive regulator of DNA virus-triggered, MITA/STING-dependent innate immune signaling. Cell Host & Microbe, 16 (4): 450-461.

Zhou X, You F, Chen H, et al. 2012. Poly (C)-binding protein 1 (PCBP1) mediates housekeeping degradation of mitochondrial antiviral signaling (MAVS) . Cell Research, 22 (4): 717-727.

Zhu J, Huang X, Yang Y. 2007. Innate immune response to adenoviral vectors is mediated by both Toll-like receptor-dependent and-independent pathways. Journal of Virology, 81 (7): 3170-3180.

Zhu Y, Sun Y, Mao XO, et al. 2002. Expression of poly (C)-binding proteins is differentially regulated by hypoxia and ischemia in cortical neurons. Neuroscience, 110 (2): 191-198.

Zundler S, Neurath MF. 2015. Interleukin-12: functional activities and implications for disease. Cytokine & Growth Factor Reviews, 26 (5): 559-568.

# 缩略语和名词术语（英汉对照）

| | |
|---|---|
| AdV | Adenovirus；腺病毒 |
| AID | autoimmune disease；自身免疫病 |
| AIM2 | absent in melanoma 2；黑素瘤缺乏 2 |
| AIP4 | Atrophin 1-interacting protein 4；Atrophin 1 结合蛋白 4 |
| ANA | anti-nuclear antibody；抗核抗体 |
| ANK | ankryn repeat；锚蛋白重复序列 |
| AP-1 | activator protein 1；激活蛋白 1 |
| ASC | apoptosis-associated speck-like protein containing a CARD；CARD 凋亡相关蛋白 |
| ATF | activating transcription factor；激活转录因子 |
| Bcl | B cell lymphoma；B 细胞淋巴瘤基因 |
| bLZ | basic region-leucine zipper；碱性亮氨酸拉链 |
| BMDC | bone marrow-derived dendritic cell；髓样树突状细胞 |
| c-Abl | ABL proto-oncogene 1；ABL 原癌基因 1 |
| CAD | constitutive activation domain；组成型激活结构域 |
| CARD | caspase activation and recruitment domain；胱天蛋白酶募集域 |
| CARD9 | caspase recruitment domain protein 9；CARD 蛋白 9 |
| Cardif | CARD adaptor inducing IFN-β；CARD 衔接体诱导干扰素 |
| Caspase | cysteine containing aspartate specific protease；胱天蛋白酶 |
| CBP | CREB-binding protein；CREB 结合蛋白 |
| CCL | C-C motif chemokine ligand；CC 趋化因子配体 |
| CD | cluster of differentiation；分化抗原 |
| cDC | conventional dendritic cell；传统意义上的树突状细胞，即 BMDC |
| cGAMP | cyclic GMP-AMP；环鸟苷–腺苷 |
| cGAS | cyclic GMP-AMP synthase；环鸟苷–腺苷合酶 |
| CoV | Coronavirus；冠状病毒 |
| CpG | cytosine-phosphate-guanosine；胞嘧啶–鸟嘌呤二核苷酸 |
| CRE | cyclic adenosine monophosphate-response element；环磷酸腺苷响应元件 |
| CSF | colony stimulating factor；集落刺激因子 |
| CTD | C-terminal domain；C 端结构域 |
| CVB | Coxsackie virus B；柯萨奇病毒 B |
| CXCL | CXC motif chemokine ligand；CXC 趋化因子配体 |
| DAI | DNA-dependent activator of interferon regulatory factor；DNA 依赖的干扰素调节因子激活剂 |

| | |
|---|---|
| DAK | dihydroacetone kinase；二氢丙酮激酶 |
| DBD | DNA-binding domain；DNA 结合域 |
| DC | dendritic cell；树突状细胞 |
| DENV | Dengue virus；登革病毒 |
| DMSO | dimethyl sulfoxide；二甲基亚砜 |
| dsDNA | double-stranded DNA；双链 DNA |
| dsRNA | double-stranded RNA；双链 RNA |
| DTT | dithiothreitol；二硫苏糖醇 |
| DUBA | deubiquitinating enzyme A；去泛素酶 A |
| EMCV | Encephalomyocarditis virus；脑心肌炎病毒 |
| EPRS | glutamyl-prolyl-tRNA synthetase；谷氨酰-脯氨酰 tRNA 合成酶 |
| ER | endoplasmic reticulum；内质网 |
| ERGIC | ER-Golgi intermediate compartment；内质网-高尔基体中间体 |
| ERIS | ER IFN stimulator；内质网干扰素刺激因子 |
| ERK | extracellular signal-regulated kinase；胞外信号调节激酶 |
| FADD | Fas-associated death domain protein；Fas 相关死亡结构域蛋白 |
| GAPDH | glyceraldehyde-3-phosphate dehydrogenase；3-磷酸甘油醛脱氢酶 |
| GBV-B | GB virus B type；B 型 GB 肝炎病毒 |
| gC1qR | C1q receptor；补体蛋白 C1q 受体 |
| GCN5 | general-control-of-amino-acid synthesis 5；普遍促转录因子 5 |
| GF | growth factor；生长因子 |
| GSK3β | glycogen synthase kinase 3β；糖原合酶激酶 3β |
| GTF | general transcription factor；普遍转录因子 |
| HAT | histone acetyl transferase；组蛋白乙酰转移酶 |
| HAV | hepatitis A virus；甲型肝炎病毒 |
| HBV | hepatitis B virus；乙型肝炎病毒 |
| HCV | hepatitis C virus；丙型肝炎病毒 |
| HECT | homologous to E6-AP carboxyl terminus；E6-AP C 端同源 |
| HIV | human immunodeficiency virus；人类免疫缺陷病毒 |
| HLH | helix-loop-helix；螺旋-环-螺旋 |
| HMG1 | high-mobility group protein 1；高迁移率族蛋白 1 |
| HOB | homology box；同源盒 |
| HRR | heptad repeat region；七位重复区 |
| HRV | rhinovirus；鼻病毒 |
| HSV | Herpes simplex virus；单纯疱疹病毒 |
| IAD | IRF association domain；IRF 相关结构域 |
| IAV | influenza virus；流感病毒 |
| IB | immunoblot；免疫印迹 |

| | |
|---|---|
| ID | inhibitory domain；抑制结构域 |
| IF | immunofluorescence；免疫荧光 |
| IFI16 | IFN-inducible gene 16；干扰素诱导基因 16 |
| IFN | interferon；干扰素 |
| IFNAR | IFN-α/β receptor；干扰素 α/β 受体 |
| Ig | immunoglobulin；免疫球蛋白 |
| IκB | inhibitor of NF-κB；NF-κB 抑制因子 |
| IKK | IκB kinase；IκB 激酶 |
| IKKε/IKKi | IKK epsilon/inducible IKK；诱导型 IKK |
| IKKγ/NEMO | IKK gamma/NF-κB essential modulator；NF-κB 必需因子 |
| IL | interleukin；白细胞介素 |
| IL-1R | IL-1 receptor；白细胞介素 1 受体 |
| *in vitro/in vivo* | 体外/体内 |
| IP | immunoprecipitation；免疫沉淀 |
| IP-10 | IFN-γ induced protein 10 kDa；IFN-γ 诱导的 10 kDa 蛋白 |
| IPS-1 | IFN-β promoter stimulator-1；干扰素 β 启动刺激因子 1 |
| IRAK | IL-1R associated kinase；IL-1 受体相关激酶 |
| IRF | IFN regulatory factor；干扰素调节因子 |
| IRTKS | insulin receptor tyrosine kinase substrate；胰岛素受体酪氨酸激酶底物 |
| ISG | IFN-stimulating gene；干扰素诱导的基因 |
| ISG15 | IFN-stimulated protein of 15 kDa；干扰素诱导的 15kDa 蛋白 |
| ISGF3 | IFN-stimulatory gene factor 3；干扰素刺激基因因子 3 |
| ISRE | IFN-stimulated response element；干扰素刺激反应元件 |
| Jak | Janus kinase；Janus 蛋白激酶 |
| JEV | Japanese encephalitis virus；日本脑炎病毒 |
| JNK | c-Jun N-terminal kinase；c-Jun 氨基末端激酶 |
| kb | kilobase；（核酸）千碱基对 |
| kDa | kilodalton；千道尔顿（蛋白质分子质量单位） |
| KH | K homology domain；K 同源结构域 |
| LGP2 | laboratory of genetics and physiology 2；遗传生理实验分子 2 |
| LMP2 | latent membrane protein 2；潜伏感染膜蛋白 2 |
| LPS | lipopolysaccharide；脂多糖 |
| LRR | leucine-rich repeat；富含亮氨酸重复基序 |
| LRRFIP1 | leucine-rich repeat flightless-interacting protein 1；富含亮氨酸重复无翅相互作用蛋白 1 |
| LZ | leucine zipper；亮氨酸拉链 |
| MΦ | macrophage；巨噬细胞 |
| MAF | musculoaponeurotic fibrosarcoma；肌腱膜皮下纤维肉瘤 |
| MAPK | mitogen-activated protein kinase；丝裂原活化蛋白激酶 |

MARCH5　membrane associated ring-CH-type finger 5；膜相关环-CH 型蛋白 5
MAVS　mitochondrial antiviral signaling protein；线粒体抗病毒信号蛋白
MCMV　murine cytomegalovirus；小鼠巨细胞病毒
MD-2　myeloid differentiation protein-2；髓样分化蛋白 2
MDA5　melanoma differentiation-associated gene 5；黑素瘤分化相关基因 5
MEF　mouse embryo fibroblast；小鼠胚胎成纤维细胞
Mfn2　mitofusin 2；线粒体融合蛋白 2
MHC　major histocompatibility complex；主要组织相容性复合体
MITA　mediator of IRF3 activation；IRF3 激活因子
MKK6　MAPK kinase 6；MAPK 激酶 6
MOI/m.o.i.　multiplicity of infection；（病毒）感染复数
mRNA　messenger RNA；信使 RNA
MSC　multi-tRNA synthetase complex；多 tRNA 合成酶复合物
MyD88　myeloid differentiation primary response factor 88；髓样分化因子 88
NAK　NF-κB-activating kinase；NF-κB 活化激酶
NAP1　NF-κB activating kinase（NAK）-associated protein 1；NF-κB 活化激酶相关蛋白 1
NBD　nuclear-binding domain；核酸结合域
NDV　Newcastle disease virus；新城疫病毒
NEMO　NF-κB essential modulator；NF-κB 必需因子
NES　nuclear export signal；核输出信号
NF-κB　nuclear factor kappa B；核因子 κB
NIK　NF-κB inducing kinase；NF-κB 诱导激酶
NK　natural killer cell；自然杀伤细胞
NLR　NOD-like receptor；NOD 样受体
NLRX1　NLR family member X1；核苷酸结合寡聚结构域样受体 X1
NLS　nuclear localization signal；核定位信号
NOD　nucleotide oligomerization domain；寡核苷结构域
NOX2　NADPH oxidase 2；NADPH 氧化酶 2
NS3/4A　nonstructural protein 3/4A；非结构蛋白 3/4A
NSP15　nonstructural protein 15；非结构蛋白 15
OAS　2′-5′-oligoadenylate synthetase；2′-5′-寡腺苷合酶
ODN　oligodeoxyribonucleotide；寡脱氧核糖核苷酸
ORN　oligoribonucleotide；寡核糖核苷酸
OPN　osteopontin；骨桥蛋白
PAGE　polyacrylamide gel electrophoresis；聚丙烯酰胺凝胶电泳
PAMP　pathogen-associated molecular pattern；病原相关分子模式
PBD　Polo-box domain；Polo 盒结构域
P/CAF　p300/CBP-associated factor；p300/CBP 相关因子

| | |
|---|---|
| PCBP | poly(C)-binding protein；多聚胞嘧啶结合蛋白 |
| PCR | polymerase chain reaction；聚合酶链反应 |
| pDC | plasmacytoid dendritic cell；浆细胞样树突状细胞 |
| PFU | plaque forming unit；空斑形成单位 |
| PI3K | phophatidylinositol-3-kinase；3-磷脂酰肌醇激酶 |
| PKR | dsRNA-activated protein kinase；dsRNA 激活的蛋白激酶 |
| PLK1 | Polo-like kinase 1；Polo 样激酶 1 |
| poly（I:C） | polyinosinic-polycytidylic acid；聚肌–胞苷酸 |
| polydAdT | 聚脱氧腺苷–胸苷；dsDNA 合成类似物 |
| PRD | positive regulatory domain；顺式调节元件 |
| PRR | pattern-recognition receptor；模式识别受体 |
| | proline-rich region；富含脯氨酸区域 |
| PSMA7 | proteasome subunit 7，α4 type；蛋白酶体亚基 7 组分 α4 |
| PV | picornavirus；小核糖核酸病毒 |
| RA | rheumatoid arthritis；类风湿性关节炎 |
| RANTES | reduced upon activation normal T cell expressed and secreted；T 细胞表达分泌但活化后下调的因子 |
| RD | repressor domain；抑制结构域 |
| RHD | Rel homology domain；Rel 同源结构域 |
| RHIM | RIP homotypic interaction motif；RIP 同型作用基序 |
| RIG-I | retinoic acid-inducible gene I；维甲酸诱导基因 I |
| RIP1 | receptor-interacting protein 1；受体结合蛋白 1 |
| Riplet | ring finger protein leading to RIG-I activation；激活 RIG-I 的环指蛋白 |
| RLR | RIG-I-like receptor；RIG-I 样受体 |
| RNAi | RNA interference；RNA 干扰 |
| RNA pol III | RNA polymerase III；RNA 聚合酶 III |
| RNF | ring finger protein；环指蛋白 |
| ROS | reactive oxygen species；活性氧类 |
| RSV | Respiratory syncytial virus；呼吸道合胞病毒 |
| RUEL | RIG-I ubiquitin E3 ligase；RIG-I 泛素 E3 连接酶 |
| SARS | severe acute respiratory syndrome；严重急性呼吸系统综合征（非典型性肺炎） |
| SeV | Sendai virus；仙台病毒 |
| siRNA | small interfering RNA；干扰小 RNA |
| SLE | systemic lupus erythematosus；系统性红斑狼疮 |
| Smurf1/2 | SMAD specific E3 ubiquitin protein ligase 1/2；Smad 特异性 E3 泛素蛋白连接酶 1/2 |
| ssRNA | single-stranded RNA；单链 RNA |
| STAT | signal transducer and activator of transcription；信号转导和转录激活蛋白 |
| STING | stimulator of IFN gene；干扰素基因刺激因子 |
| T2K | TRAF2-associated kinase；TRAF2 相关激酶 |

| | |
|---|---|
| TAB1/2 | TAK1-binding protein 1/2；TAK1 结合蛋白 1/2 |
| TAD | transactivation domain；反式激活结构域 |
| TAK1 | TGF-β-activated kinase 1；TGF-β 激活激酶 1 |
| TANK | TRAF family member-associated NF-κB activator；TRAF 家族成员相关激活 NF-κB |
| TAP1 | transporter associated protein 1；抗原处理相关转运蛋白 1 |
| TAX1BP1 | Tax1 binding protein 1；Tax1 结合蛋白 1 |
| TBK1 | TANK-binding kinase 1；TANK 结合激酶 1 |
| TCR | T cell receptor；T 细胞受体 |
| TF | transcription factor；转录因子 |
| TGF-β | transforming growth factor-β；转化生长因子 β |
| $T_H$ | helper T lymphocyte；辅助 T 细胞 |
| TICAM1 | TIR domain-containing adaptor molecule 1；TIR 结构域接头分子 1 |
| TIM | TRAF-interaction motif；TRAF 结合基序 |
| TIR | Toll/IL-1 receptor homologous domain；Toll/IL-1 受体超家族同源结构域 |
| TLR | Toll-like receptor；Toll 样受体 |
| TM | transmembrane domain；跨膜结构域 |
| TNF | tumor necrosis factor；肿瘤坏死因子 |
| TNFR | TNF receptor；TNF 受体 |
| TRADD | TNFR associated death domain protein；TNFR 相关死亡结构域蛋白 |
| TRAF | TNF receptor-associated factor；TNF 受体相关因子 |
| TRIF | Toll/IL-1 receptor domain-containing adaptor inducing IFN-β；含 TIR 结构域诱导 IFN-β 的接头蛋白 |
| TRIM | tripartite motif protein；三基序蛋白 |
| Tyk2 | tyrosine kinase 2；酪氨酸激酶 2 |
| Ub | ubiquitin/ubiquitination；泛素/泛素化 |
| UBC13 | ubiquitin-conjugating enzyme 13；泛素结合酶 13 |
| Uev1A | ubiquitin conjugating enzyme E2 variant 1 isoform A；E2 泛素结合酶异构体 1A |
| UNC93B1 | *C. elegans unc-93* homolog B1；线虫基因 *unc-93* 同源蛋白 B1 |
| UPP | ubiquitin-proteasome pathway；泛素-蛋白酶体途径 |
| UTR | untranscribed region；非转录区 |
| VAD | virus-activated domain；病毒活化结构域 |
| VAK | virus-activated kinase；病毒活化的激酶 |
| VAMP-2 | vesicle associated membrane protein 2；转运小泡膜蛋白 2 |
| VHL | von Hippel-Lindau tumor suppressor protein；von Hippel-Lindau 抑癌蛋白 |
| VISA | virus-induced signaling adaptor；病毒诱导的接头分子 |
| VRE | virus response element；病毒应答元件 |
| VSV | Vesicular stomatitis virus；水疱性口炎病毒 |
| WNV | West Nile virus；西尼罗河病毒 |
| WT | wild type；野生型 |
| ZBP1 | Z-DNA binding protein 1；Z 型 DNA 结合蛋白 1 |

# 编　后　记

《博士后文库》（以下简称《文库》）是汇集自然科学领域博士后研究人员优秀学术成果的系列丛书。《文库》致力于打造专属于博士后学术创新的旗舰品牌，营造博士后百花齐放的学术氛围，提升博士后优秀成果的学术和社会影响力。

《文库》出版资助工作开展以来，得到了全国博士后管委会办公室、中国博士后科学基金会、中国科学院、科学出版社等有关单位领导的大力支持，众多热心博士后事业的专家学者给予积极的建议，工作人员做了大量艰苦细致的工作。在此，我们一并表示感谢！

《博士后文库》编委会